LaTeX 入门实战

[德]斯蒂芬·科特维茨　著

沈　冲　译

清華大学出版社
北京

内 容 简 介

本书全面介绍了 LaTeX 的安装和使用，并且提供了丰富的学习资料，可以帮助读者轻松入门 LaTeX。全书分为 14 章。第 1 章介绍了如何安装 LaTeX。第 2 章介绍了文本格式化和宏的使用方法。第 3 章介绍了页面版式。第 4 章至第 10 章分别介绍了列表、图片、表格、引用、目录、数学公式、字体的使用。第 11 章介绍了如何利用基本功能创建大型文档。第 12 章介绍了优化 LaTeX 文档的方法。第 13 章对 LaTeX 中的常见问题进行了讲解。第 14 章介绍了丰富的网络资源。

本书立足实战，指导读者学习 LaTeX，示例翔实，源码清晰，并提供了源码下载和在线编译功能。本书适合作为从事学术研究、论文撰写、学位论文写作等学术界人士、科研人员、学生的 LaTeX 教材和参考书，也适合作为希望使用 LaTeX 创建技术文档、用户手册、报告和其他技术文献的相关专业人员的自学用书和参考手册。

北京市版权局著作权合同登记号 图字：01-2022-6069

图书在版编目（CIP）数据

LaTeX 入门实战 ／（德）斯蒂芬·科特维茨著；沈冲译. 一北京：清华大学出版社，2024.5
书名原文：LaTeX Beginner's Guide - Second Edition
ISBN 978-7-302-66111-5

Ⅰ．①L… Ⅱ．①斯… ②沈… Ⅲ．①排版－应用软件 Ⅳ．①TS803.23

中国国家版本馆 CIP 数据核字（2024）第 085113 号

责任编辑：贾旭龙
封面设计：秦　丽
版式设计：文森时代
责任校对：马军令
责任印制：沈　露

出版发行：清华大学出版社
　　　　网　　　址：https://www.tup.com.cn，https://www.wqxuetang.com
　　　　地　　　址：北京清华大学学研大厦 A 座　　　　邮　　编：100084
　　　　社 总 机：010-83470000　　　　邮　　购：010-62786544
　　　　投稿与读者服务：010-62776969，c-service@tup.tsinghua.edu.cn
　　　　质量反馈：010-62772015，zhiliang@tup.tsinghua.edu.cn
印 装 者：三河市人民印务有限公司
经　　销：全国新华书店
开　　本：185mm×230mm　　　印　　张：17　　　字　　数：341 千字
版　　次：2024 年 5 月第 1 版　　　印　　次：2024 年 5 月第 1 次印刷
定　　价：69.00 元

产品编号：099823-01

感谢 TUG 和 DANTE 的成员对 TeX 和 LaTeX 的
持续支持、传播、推广，以及对硬件设施的赞助。
感谢互联网论坛上的所有帮助者，感谢他们一直以来对 LaTeX 初学者的不懈帮助。

——斯蒂芬·科特维茨

作 者 简 介

    斯蒂芬·科特维茨，毕业于德国 Jena（耶拿）大学和 Hamburg（汉堡）大学，数学专业，在 Lufthansa Industry Solutions 和 Eurowings Aviation 担任网络和 IT 安全工程师。

    多年来，斯蒂芬一直积极支持 LaTeX 社区。他负责维护 LaTeX.org 和 goLaTeX.de 论坛，以及 TeXwelt.de 和 TeXnique.fr 问答社区，并运营 TeX 图形网站（TeXample.net、TikZ.net 和 PGFplots.net）、TeXlive.net 在线编译器、TeXdoc.org 服务和 CTAN.net 软件镜像。此外，他还是 TeX Stack Exchange 网站和 matheplanet.com 的版主。斯蒂芬在个人博客 LaTeX.net 和 TeX.co 上发布了大量 TeX 生态新闻和文章。

    在本书之前，斯蒂芬在 2011 年编著了《LaTeX 入门实战》（第 1 版），在 2015 年编著了 *LaTeX Cookbook*，两本书均由 Packt 出版社出版。

审稿人简介

林莲枝，具有 20 年使用 LaTeX 的经验，目前是 Overleaf 的 TeX 社区专家。自 2014 年以来，她一直在为 Overleaf 用户解答 LaTeX 相关问题。

约瑟夫·怀特，siunitx 包的作者，负责维护 beamer 类，也是 LaTeX 项目的成员。他还是 TeX-LaTeX Stack Exchange 问答网站的版主之一。

前　　言

　　LaTeX 是一款高质量的开源排版软件，可以生成专业的印刷品和 PDF 文件。LaTeX 的功能虽然强大，但使用复杂，特别是修改版式有一定难度，对初学者不够友好。相比之下，使用 Microsoft Word 或其他文字处理软件则更加直观。不过一旦熟悉了 LaTeX，再用它进行文档开发就游刃有余了。本书将引导你克服困难，轻松入门 LaTeX。如果你正在撰写数学、科学或技术方面的论文，这本书就是你的最佳选择。

　　本书提供了实用的 LaTeX 入门介绍。从安装和基本用法开始，你将学习文档排版中方方面面的知识，包含表格、图形、公式及常见书籍元素（如参考文献、术语表和索引）。本书使用了大量的示例，手把手教你微调文本、公式和页面版式，以及管理复杂文档和使用 PDF 功能。本书会成为你的好帮手，助你轻松使用 LaTeX。

　　本书立足实战，介绍 LaTeX 的基本用法，包括安装 LaTeX、格式设置和调整，以及页面设计；使用宏和样式维护文档结构的一致性，并尽量减少输入；创建专业的表格，包括插入图形和撰写复杂的数学公式；便捷生成参考文献和索引；处理复杂文档以及使用 PDF 功能。软件存档、网络论坛和在线编译器等在线资源，为本书提供了补充。

读者对象

　　如果你需要撰写数学或科技论文、研讨会手册，甚至计划撰写毕业论文，那么本书将提供一个快速实用的介绍。在学校学习数学或物理学的学生，以及工程和人文专业的学生也将受益匪浅。任何想要撰写高水平论文或书籍的人都会对 LaTeX 的高质量和稳定性感到满意。

本书内容

　　第 1 章 "LaTeX 入门"，介绍了 LaTeX 及其优点。本章讲解如何下载和安装 LaTeX 发行版，并展示如何创建 LaTeX 文档。本章还介绍了在线 LaTeX 软件 Overleaf 的使用方法，以及如何访问软件包文档。

第 2 章"文本格式化和创建宏"，介绍了如何变换字体、字形和文本样式。本章介绍了段落的居中和对齐，以及如何改进断行和连字符，介绍了逻辑格式化，并描述了如何定义宏以及如何使用环境和软件包。

第 3 章"设计页面"，展示了如何调整页面边距和行距。本章演示了纵向、横向和双栏版式。在这一章中，我们将创建动态页眉和页脚，学习如何控制分页和如何使用脚注。在此过程中，你还将了解重新定义现有命令和使用类选项的方法。

第 4 章"创建列表"，介绍了如何将文本排列成项目符号、编号和定义列表。你将学习如何选择项目符号和编号样式及如何设计列表的整体版式。

第 5 章"插入图片"，展示了如何在文档中插入带有图题的外部图片。你将学习利用 LaTeX 的自动化图形放置功能及微调方法。

第 6 章"创建表格"，展示了如何创建专业的表格，并深入探讨了格式化的细节。

第 7 章"交叉引用"，介绍了对小节、脚注、表格、图片和编号环境等进行智能引用。

第 8 章"目录和引用"，介绍创建和自定义目录、图片目录和表格目录。此外，本章还介绍了如何引用图书、创建参考文献和生成索引。

第 9 章"数学公式"，深入解释了数学排版。从基本公式开始，本章介绍了居中和对方程式编号，展示了如何对齐多行方程式，并详细讲解了如何排版数学符号，如根号、箭头、希腊字母和运算符，如何创建复杂的数学结构，如分数、堆叠表达式和矩阵。

第 10 章"字体"，展示了不同字体，包括不同字形的罗马字体、无衬线字体和打字机字体。

第 11 章"开发大型文档"，介绍了如何管理大型文档，将大型文档拆分为多个文件。阅读本章后，你将能够创建基于子文件的复杂项目。此外，我们还会处理具有不同页码和单独标题页的前置和后置内容，并将通过创建示例书籍进行介绍。你将熟悉使用文档模板，并最终可以编写自己的论文、书籍或报告。

第 12 章"优化文档"，介绍了如何使文档更完美。本章介绍了如何修改各种类型的章节标题，如何创建具有书签、超链接和元数据的 PDF 文档。

第 13 章"处理常见问题"，介绍了如何解决问题。我们将介绍不同种类的 LaTeX 错误和警告，以及如何处理这些问题。在阅读本章后，你将了解 LaTeX 的提示信息，并知道如何使用它们来修复错误。

第 14 章"在线资源"，指导你浏览互联网上大量的 LaTeX 信息。我们将访问 LaTeX 在线论坛和 LaTeX 问答网站。本章介绍了如何使用海量的 LaTeX 软件存档、TeX 用户组、邮件列表、Usenet 组及 LaTeX 图形库，还介绍了在哪里可以下载 LaTeX 编辑器，以及在博客和推特上关注哪些 LaTeX 专家。

充分利用本书

读者需要使用安装了 LaTeX 的计算机，联网以进行安装和更新。LaTeX 可以在 Windows、Linux、macOS 或 Unix 等操作系统中安装并使用。

本书使用免费的 TeX Live 发行版，它能在所有平台上运行。读者只需要联网或使用 TeX Live DVD 进行安装。在本书中，我们将使用跨平台编辑器 TeXworks，读者也可以使用任何其他编辑器。

如果没有安装 LaTeX，你可以使用 `https://latexguide.org` 上的代码示例，该网站提供在线编译器。

如果你使用的是本书的电子版本，建议亲自输入代码或者从本书的 GitHub 仓库访问代码。这样做可以避免由于复制和粘贴代码而导致错误。

下载示例代码文件

读者可以从 GitHub（`https://github.com/PacktPublishing/LaTeX-Beginner-s-Guide-Second- Edition`）下载本书的示例代码文件。GitHub 仓库中的代码会进行更新。

本书网站 `https://latexguide.org` 也提供代码下载。读者还可以访问 `https://latex-cookbook.net`，该网站提供了更多完整的代码示例和在线编译器。

本书还提供了代码压缩包，读者可以从图书和视频目录 `https://github.com/Packt Publishing/` 下载。

排版约定

本书使用了下列排版约定。

文本中的代码：用于表示文本中的代码、数据库表名、文件夹名、文件名、文件扩展名、路径名、虚拟 URL、用户输入等，如"加载 fontenc 包并选择 T1 字体编码"。代码示例如下：

```
\[
    \int_a^b \! f(x) \, dx = \lim_{\Delta x \rightarrow 0}
    \sum_{i=1}^{n} f(x_i) \,\Delta x_i
\]
```

当强调特定代码时，相关行或条目将以粗体显示：

```
\documentclass{book}
\usepackage{cleveref}
\crefname{enumi}{position}{positions}
\begin{document}
\chapter{Statistics}
\label{stats}
\section{Most used packages by LaTeX.org users}
\label{packages}
```

正文中的粗体表示新术语、重要单词或屏幕上出现的词语。例如，菜单或对话框中的单词以粗体显示。

 提示或重要说明

提示或说明展示在文本框中。

联系我们

非常欢迎读者提供关于本书的反馈。

如果你对本书的任何方面有疑问，请发送电子邮件至 customercare@packtpub.com，并在邮件主题中备注本书书名。

关于 LaTeX 的问题。如果你对 LaTeX 有任何问题，请访问作者的论坛 https://latex.org。

勘误表。尽管我们已尽一切努力确保内容的准确，但难免存在错误。如果你在本书中发现错误，烦请向我们报告。可访问 www.packtpub.com/support/errata，并填写表格。

　　盗版。如果你在互联网上发现本书的任何形式的非法副本，请告知我们地址或网站名称，通过 copyright@packt.com 向我们发送链接。

　　成为作者。如果你熟悉某个技术领域，并且对出版图书感兴趣，请访问 authors.packtpub.com。

本书资源

　　本书为读者准备了丰富的学习资源，请扫描下方二维码下载。

目　　录

第 1 章　LaTeX 入门

人们对**文字处理软件**真是再熟悉不过了。用户在输入内容的同时，文字处理软件就会在屏幕上将对应的内容显示出来。与此相反，LaTeX 是**排版**软件，它接收用户指令和文本，然后创建输出。基于复杂的算法，LaTeX 可以生成高质量的页面，这些算法可用于对齐方式、文本排列、空白符平衡、图片放置等设置。诸如标题和一般页面版式这些预定义格式风格，用户都可以用 LaTeX 进行自定义配置。

你准备好抛弃陈旧的"所见即所得"的文字处理软件，一起来探索既准确可靠，又页面精美的排版软件了吗？如果答案是肯定的，那就让我们一起开始学习吧！

很高兴读者选择开始学习 LaTeX。本书将与你相伴，直到掌握所有内容。这一章，我们先简单谈一谈 LaTeX 的优势与挑战，然后着手准备写作工具。

在本章中，我们将初步了解 LaTeX，以及如何安装和使用它。本章具体涉及的主题如下。

❑　什么是 LaTeX？
❑　安装和使用 LaTeX。
❑　通过 Overleaf 在线使用 LaTeX。
❑　查阅文档。

在本章结束时，读者将可以使用 LaTeX 软件，还能知道如何编辑并排版文档，以及如何获取更多文档资料。

那么，就让我们开始学习吧！

1.1　技　术　要　求

本节重点介绍如何在 Windows 操作系统上安装 LaTeX，当然也可以将 LaTeX 安装在 Mac OS X 或 Linux 等其他系统上。

完整安装需要大约 8 GB 的磁盘空间。

如果连接了互联网，则不必安装 LaTeX，可以使用在线 LaTeX 软件，如 Overleaf。我们将在 1.4 节介绍 Overleaf。

本书所有代码示例都可以从 GitHub 获取，地址是 https://github.com/PacktPublishing/LaTeX-Beginner-s-Guide。

在本书的网站（https://latexguide.org）上，读者可以在线直接阅读、编辑和编译本书中的每个代码示例，无须安装任何东西。读者只需使用网络浏览器，且浏览器启用了 JavaScript，就可以在 PC、笔记本电脑、平板电脑或智能手机等设备上使用 LaTex。

1.2 什么是 LaTeX

LaTeX 是免费、开源的文档排版软件，换句话说，它是一个文档准备系统。LaTeX 不是文字处理软件，而是一种文档标记语言。

LaTeX 最初是由 Leslie Lamport 基于 Donald Knuth 的 TeX 排版引擎编写而成的。往往人们在提到 TeX 的时候，就是指 LaTeX。TeX 有很长的历史，读者可以从网站 https://tug.org/whatis.html 了解更多内容。

现在，让我们继续学习如何能够更好地利用 LaTeX。

1.2.1 LaTeX 的优势

LaTeX 适用于科学和技术类文档，尤其是在数学公式排版方面，LaTeX 的优势是无与伦比的。对于学生或科研人员，LaTeX 是最好的选择。即使不将 LaTeX 用于科研领域，LaTeX 还有其他用途——生成高质量的页面，而且非常稳定。LaTeX 能轻松处理复杂文档，无论文档有多大。

LaTeX 还有其他一些显著的优点，包括交叉引用功能、自动编号功能，以及生成目录、图形、表格、索引、词汇表和书目。LaTeX 支持多语种，具有特定语种的功能，并且支持 PostScript 和 PDF。

除了非常适合科研人员，LaTeX 还具有令人难以置信的灵活性——LaTeX 内置用于信件、演示文稿、账单、哲学书、法律文档、乐谱，甚至国际象棋游戏符号的模板。数以百计的 LaTeX 用户已经为各种可能的用途编写了数以千计的模板、样式和工具。这些模板被整合起来，并于在线存档服务器上进行了归类。

读者可以从 LaTeX 的默认样式逐步开始，依靠 LaTeX 的智能格式化功能，生成令人印象深刻的高质量页面，也可以自由地定制和修改所有设置。TeX 社区的成员已经编写了很多扩展，用于满足几乎所有的格式化需求。

1.2.2 开源的优点

LaTeX 代码是完全开源且免费的，每个人都可以阅读。这样，用户就能研究并修改从 LaTeX 的核心代码到最新的扩展包的所有内容。这对初学者意味着什么呢？LaTeX 有一个庞大的社区，社区中有很多友好又乐于助人的成员。即使初学者不能直接从开放源代码中受益，但只要加入 LaTeX 网络论坛，在这里提出问题，社区中的成员就会阅读源代码并提供协助。如果有必要，成员还会挖掘 LaTeX 的资源，为提问者找到一个解决方案，有时会推荐一个合适的软件包，有时提供重新定义的默认命令。

目前，LaTeX 社区经过约 30 年的发展，已经让无数人从中获益。开源在其中扮演的角色功不可没，因为每个用户都能投入开源社区中来，研究并改进软件，使其更上一层楼。本书第 14 章将指导读者如何使用社区。

1.2.3　格式和内容的分离

LaTeX 的基本原则之一是用户不应该过多地被格式化问题所干扰。通常情况下，用户应专注于内容和格式的逻辑性。例如，用户不需要用大写粗体字来写章节标题，只要指示 LaTeX 这是章节的标题就够了。用户可使用 LaTeX 设计标题，或者在文档的设置中决定标题的样式——只需为整篇文档设计一次。LaTeX 广泛使用称为类和包的样式文档，使得设计和修改整篇文档的外观和细节变得十分容易。

1.2.4　可移植

LaTeX 几乎适用于所有操作系统，如 Windows、Linux、Mac OS X 等。LaTeX 的文档格式是纯文本，因此在所有操作系统上都可以阅读和编辑，这意味着 LaTeX 在每个系统上都能产生相同的输出。市面上存在多种 LaTeX 软件包，称为 **TeX 发行版**。本书中，我们将重点讨论 **TeX Live** 发行版，因为该发行版可用于 Windows、Linux 和 Mac OS X。在 Mac 上，本地化的 TeX Live 版本为 MacTeX。

LaTeX 没有图形用户界面，这是其便携的原因之一。用户可以选择任意文本编辑器。市面上有许多编辑器，甚至有专门的 LaTeX 编辑器，适用于各种操作系统。有些编辑器可用于多种系统，例如，**TeXworks** 可在 Windows、Linux 和 Mac OS X 上运行，这是我们在本书中使用它的原因之一。另一个重要原因是它可能最适合初学者使用。

LaTeX 可以生成 PDF 输出，PDF 在大多数计算机上都可以显示和阅读，而且无论是在哪种操作系统上看起来都一样。除了 PDF，LaTeX 还支持 DVI、PostScript 和 HTML 输出，可以为印刷和在线发行做准备，例如在个人计算机、电子书阅读器和智能手机上。

总而言之，LaTeX 的可移植特性体现在 3 个方面：源代码、实现和输出。

1.2.5　保护你的工作

　　LaTeX 文档是以可读的文本格式存储的，而不是以某种晦涩难懂的专有文字处理格式存储的，后者的格式即使在同一软件的不同版本中也可能发生改变。

　　如果尝试打开某款商业文字处理器 20 年前编写的文档，你的最新款软件可能会显示什么呢？即使能读懂该文档，呈现出来的文档外观无疑会与以前大相径庭。LaTeX 则不同，LaTeX 文档始终是可读的，并且其输出保持如一。即使 LaTeX 不断演进，它仍将保持向后兼容。

　　此外，文字处理器文档可能感染病毒，恶意的宏还可能破坏数据。但病毒是不会感染文本文件的，因此 LaTeX 文档不会受到病毒的威胁。

1.2.6　开始使用 LaTeX

　　LaTeX 学习曲线可能很陡峭，但有本书的帮助，相信读者一定能掌握 LaTeX！

　　虽然使用 LaTeX 写作看起来很像编程，但不必害怕，你很快就能掌握经常使用的命令。与此同时，文本编辑器带有自动补全和关键字高亮功能，也可以帮助你写作。文本编辑器甚至可能提供带有命令的菜单和对话框。

　　知道了这些，你仍然认为需要很长的时间才能学会 LaTeX 吗？别担心，这本书会帮你快速迈出第一步。本书提供了大量练习示例。此外，读者还可以从互联网阅读和下载更多的示例。第 14 章还介绍了如何使用 LaTeX 的在线资源。并且，还有一些 LaTeX 帮助论坛，在论坛中可以获得问题的答案。`https://latex.org` 网站上专门有一个为本书读者服务的论坛。

1.2.7　使用 LaTeX 的方式

　　有下列两种使用 LaTeX 的方式。

❑　传统的方式是在自己的计算机上安装 LaTeX。这种方式非常简单直观，我们将在 1.3 节介绍如何在 Windows 上安装 LaTeX。

❑　另一种方式是在 "云" 中在线使用 LaTeX。这种方式无须安装，用户所需要的只是一台连接互联网的计算机、平板电脑或手机。我们将在 1.4 节中探讨这一方式。

　　现在，我们将继续讲解如何在计算机上安装 LaTeX。如果读者愿意，可以先略过 1.3 节，跳到 1.4 节，然后再决定采取哪种方式安装 LaTeX。

1.3　安装并使用 LaTeX

我们从安装 LaTeX 发行版 **TeX Live** 开始。该发行版可用于 Windows、Linux、Mac OS X（**MacTeX**）和其他类似的 Unix 操作系统。TeX Live 维护得非常好，而且仍处于活跃的开发之中。

其他 LaTeX 发行版

　　另一个对用户友好的 Windows 平台 LaTeX 发行版是 **MiKTeX**。和其他 Windows 应用程序一样，MiKTeX 也很容易安装。

　　可以从 https://miktex.org 下载 MiKTeX。访问 https://latexguide.org/distributions，这个网站对各个最新的 LaTeX 发行版进行了比较。

可以为单个用户安装 TeX Live，也可以为计算机上的所有用户共享安装。后者称为**管理模式**（admin mode）。它需要以管理员身份运行安装程序，以管理员账户登录或右击安装程序，选择**以管理员身份运行**（run as administrator）。

推荐读者以**单用户模式**（single-user mode）进行安装。

首先，访问 TeX Live 主页，查看可安装的选项。打开 TeX Live 主页 https://tug.org/texlive/，如图 1.1 所示。

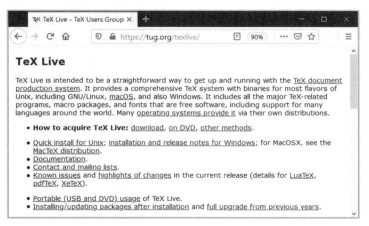

图 1.1　TeX Live 主页

读者可以在 TeX Live 的主页上查看 TeX Live 的信息。本书 TeX Live 将介绍两种安装方式。

❑　使用网络安装向导安装 TeX Live。这是在线安装的方式，需要连接到互联网。

❑　　离线安装 TeX。需要下载一个相当大的安装包，随后就可以离线安装了。

开始安装之前，先了解下列不同粒度的 LaTeX 安装包。

❑　　包（package），也称为**格式**文档，是一个单独的 LaTeX 文档，其中包含一些宏，用于添加特定的功能或提供特定的外观和文档格式。它的文档扩展名为.sty。

❑　　**捆绑包**（bundle）是一组具有相似功能的包的集合。它也可能包含文档扩展名为.cls 的类文档。.

❑　　**集合**（collection）是更大的包集合，用于某个特定兴趣领域。例如，集合可以是一套更大的数学和自然科学包、音乐包或与图形相关的包。

❑　　**方案**（scheme）是特定大小的 LaTeX 安装包。方案具有三种形式，分别是**最小**的（能够工作的最小）、**基本**的（具有常用功能）和**完整**的（包含所有可用功能）的安装包。

现在可以安装和更新 LaTeX 了。最简单的方式是完整安装所有功能，也就是**完整的方案**。这样就不会错过任何包。

Windows PC 上有两种安装方法。其中一种是通过网络安装，这需要一个良好的网络连接。如果网络条件一般，参见 1.3.2 节。

1.3.1　使用网络安装程序向导安装 TeX Live

下载 TeX Live 网络安装程序，并在计算机上安装完整的 TeX Live 发行版。遵循以下步骤。

（1）进入 `https://tug.org/texlive/acquire-netinstall.html`，单击并下载，如图 1.2 所示。

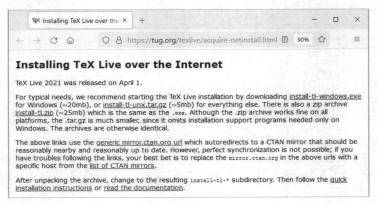

图 1.2　安装说明

（2）下载可执行安装程序 `install-tl-windows.exe`，并运行该程序。

（3）确认安装模式（作为**单用户**或**管理员**），单击 **Next**（下一步）按钮，然后单击 **Install**（安装）按钮。

（4）网络安装程序将自动检测用户的操作系统语言。如果想修改图形用户界面（graphical user interface，GUI）的语言，可以单击窗口菜单中的 **GUI language**（GUI 语言）进行设置，如图 1.3 所示。

（5）用户可以修改安装的根目录，也就是所有 TeX Live 安装文档在硬盘上的位置。可以采用默认的完整安装，也可以单击 **Advanced**（高级）按钮，查看后续安装过程中的细节，如图 1.4 所示。

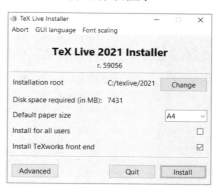

图 1.3　TeX Live 安装程序

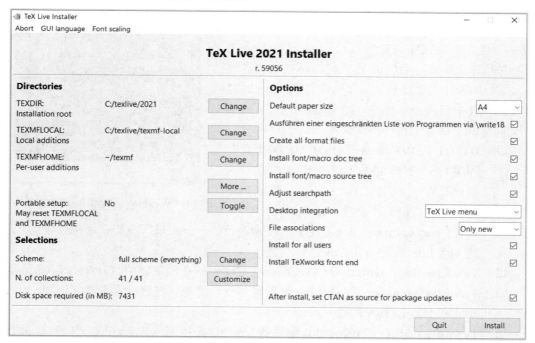

图 1.4　TeX Live Installer 高级选项

（6）用户可以修改安装方案（选项包括完整、中等和小型），并自定义软件集合的数量，如安装的格式、字体、样式、图形包、编辑器、语言支持等。由于推荐的选项已经是安装中最重要的部分，取消勾选一些集合并不会节省多少空间。建议读者采用完整的方案。

（7）单击 **Install**（安装）按钮继续安装。接下来，在很长一段时间内不需要和 GUI 互动。下载和安装所有 TeX 软件包的过程如图 1.5 所示。

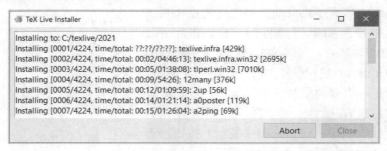

图 1.5　安装进度

（8）最后，用户会收到一条欢迎信息。单击 **Close**（关闭）按钮完成安装。

按照以上步骤，就完成了 TeX Live 的安装。现在，用户的开始菜单中就生成了一个 TeX Live 2021 文档夹，其中包含 6 个程序，如图 1.6 所示。

TeX Live 的 6 个程序的简介如下。

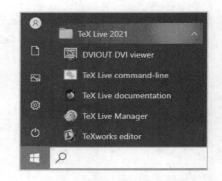

图 1.6　Windows 开始菜单中的 TeX Live

- ❑ **DVIOUT DVI viewer（DVIOUT DVI 查看程序）**——用于经典 LaTeX 输出格式 DVI 的查看程序（因为如今大多数人选择 PDF 输出，所以基本不会使用该程序）。

- ❑ **TeX Live command-line（TeX Live 命令行）**——如果用户想在命令行中运行其他 TeX Live 程序，可以使用该功能。

- ❑ **TeX Live documentation（TeX Live 文档）**——在浏览器中打开 TeX Live 手册。

- ❑ **TeX Live Manager（TeX Live 管理器）**——这是软件包管理工具（例如，用于安装和更新 LaTeX 的包）。

- ❑ **TeXworks editor（TeXworks 编辑器）**——这是用来创建 LaTeX 文档的编辑器。本书中将大量使用 TeXworks。

- ❑ **Uninstall TeX Live（卸载 TeX Live）**——在安装 TeX Live 的新版本之前，或者转而安装 MiKTeX 之前，使用该功能卸载 TeX Live。

接下来将学习 TeX Live 的离线安装方法。

1.3.2　离线安装 TeX Live

每年，TeX 用户组都会创建一个 TeX 软件集合 DVD，并发送给其成员。用户可以从用户组获得 DVD，或者从 TeX 用户组的网络商店购买。2021 年，该 DVD 的售价为 16 美元。

读者还可以免费下载 DVD 的内容。现在下载一个 TeX Live 的 ISO 映像，大小约为 4 GB。解压缩之后，读者可以将其刻录在 DVD 上，并运行 DVD 进行安装。安装遵循以下步骤。

（1）打开网页 `https://tug.org/texlive/acquire-iso.html`，查看下载区。

（2）下载 `texlive.iso` 文档。如果网络连接不稳定，可以使用下载管理器。

（3）使用支持 ISO 格式的刻录软件在 DVD 上刻录 ISO 文档，或者将其解压缩到硬盘驱动器中。例如，免费程序 **7-zip** 可以解压缩 ISO 文档。

（4）在解压文档中或在 DVD 上，用户会发现安装程序批处理文档 `install-tl` 和 `install-tl-advanced`。任选其一进行安装，安装流程类似在线安装的方式。更多信息请访问 `https:// tug.org/texlive/quickinstall.html`。

离线安装 TeX 和在线安装很类似。但是离线安装包中包含所有的数据，安装期间无须联网，也不需要额外的安装包。如果以后还要在其他计算机上安装 TeX Live，或者想将安装包给别人使用，特别建议读者使用离线安装的方法。

由于 TeX 也能在其他操作系统上运行，接下来介绍其他系统上的安装方法。

1.3.3　在其他操作系统上安装 TeX Live

除了可以安装在 Windows 上，TeX 还能运行在其他系统上，具体如下。

☐　**Mac OS X**：用户可以从 `https://tug.org/mactex/` 下载自定义的版本。下载 `.pkg` 文档并双击进行安装。安装过程中会显示非常简洁的说明。

☐　**Ubuntu Linux**：使用 **Software Center**（软件中心）安装 TeX Live 包，或者运行 `sudo apt-get install texlive-full` 安装所有内容。

☐　**Debian Linux**：使用 **Synaptic** 安装 TeX Live 包，或者运行 `apt-get install texlive-full`（通过 `sudo` 或作为 root 用户）安装所有内容。

☐　**Red Hat、CentOS 和 Fedora Linux**：使用 Red Hat 包管理器进行安装，还可以通过 yum 命令，例如 `yum install texlive-scheme-full`，或 DNF（`sudo DNF install texlive-scheme-full`）进行安装。

❑　其他：访问 `https://tug.org/texlive/quickinstall.html` 并按照指示操作。

如果想保持最新版本，可以从 TeX Live 主页下载并安装最新版本的 TeX Live，而不是从操作系统仓库进行安装。

下一节将讲解如何更新或添加包。

1.3.4　更新 TeX Live 并安装新软件包

LaTeX 开发者一直不断地对其进行更新，包括添加新功能和修复问题。因此，可以时不时地更新软件。

更新 TeX Live 时，打开**开始**菜单，然后打开 **TeX Live** 文档夹，并启动 **TeX Live Manager**（简称 `tlmgr`，还可以称为 **TeX Live Shell**）。此应用程序用于更新和安装其他软件包。如图 1.7 所示，接下来介绍如何使用 TeX Live Shell。

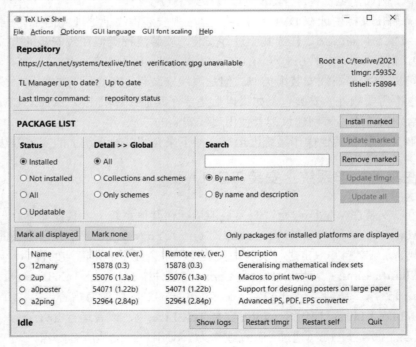

图 1.7　TeX Live Shell

TeX Live Shell 中的第一部分展示**仓库**（**Repository**）。仓库是 TeX Live 软件的服务器。如果用户所在的区域，默认仓库不可用或速度太慢，可以单击**选项**（**Options**）菜单，从列表中选择另一个仓库。

依次单击 **File | Load repository**，将 LaTeX 与最新的软件状态同步。

在软件**包列表（PACKAGE LIST）**部分，可以按名称搜索软件包，也可以进行筛选以查看所有可用的软件包，或者仅查看已安装、未安装或可更新的软件包。在图 1.7 的中间，可以看到一个修改粒度的选项（Detail），可查看所有的包，或仅查看集合和方案。

最下面的部分展示了被筛选器过滤的包，并带有简短的说明和版本信息。可以在这里选择包，如果要安装选定的软件包，可以单击**标记安装（Install marked）**按钮，或者单击**标记删除（Remove marked）**按钮卸载选中的软件包。

一个简单的方法是单击**全部更新（Update all）**按钮。如果 **Update tlmgr** 按钮已启用并可单击，则 TeX Live Manager 有可用的更新，可以单击 **Update tlmgr** 按钮进行更新。

> **年度更新**
>
> 更新程序仅针对相同的 TeX Live 版本。每年都会发布一个新的 TeX Live 版本，版本号为年份。最好是先卸载当前的 TeX Live 进行年度升级，再安装新版本。打开 `https://tug.org/texlive/`，可以看到带有预估日期的升级计划。

安装完 TeX Live 之后，接下来就开始使用 LaTeX 吧！

1.3.5　创建第一个文档

安装好 TeX 和编辑器之后，使用 TeXworks 编辑器编写第一个 LaTeX 文档。

首个目标是创建只包含单个句子的文档。这个示例展示了 LaTeX 文档的基本结构。遵循以下步骤。

（1）单击桌面图标或在开始菜单中启动 TeXworks 编辑器。如图 1.8 所示，可以看到带有菜单、按钮和工具栏的编辑器。

（2）单击 **New**（新建）按钮（或使用快捷键 Ctrl+N），或在菜单中选择 **File | New**。

> **对于 Mac 用户**
>
> 使用 Cmd 替换 Ctrl 键。

（3）输入以下行。

```
\documentclass{article}
\begin{document}
This is our first document.
\end{document}
```

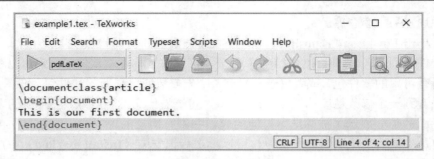

图 1.8　　TeXworks 编辑器

（4）单击 **Save**（保存）按钮（或使用快捷键 Ctrl+S）保存文档。选择存储 LaTeX
文档的位置，最好是在专属的文档夹中。

（5）在 TeXworks 工具栏的下拉框中选择了 **pdfLaTeX**（默认选项），如图 1.8 所示。

（6）单击 **Typeset**（排版）按钮或按快捷键 Ctrl + T。

（7）输出窗口将自动打开。输出效果如图 1.9 所示。

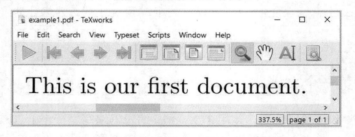

图 1.9　　TeXworks 编辑器中的 PDF 输出

这就是典型的 LaTeX 文档。可以对它进行编辑、排版和检查输出，并再次编辑。但
不要忘记定时保存文档。

如前所述，与经典的文字处理软件相比，用户无法立即看到修改的效果，必须通过
单击排版按钮查看效果。

1.3.6　高级 LaTeX 编辑器

你处理过复杂的程序吗？是否喜欢使用功能丰富且强大的编辑器呢？那就来看看下
面这些 LaTeX 编辑器吧。可以访问它们的网站，查看截图并浏览其功能。

- ❑　**Texmaker**：这是一个跨平台的编辑器，可以在 Windows、Linux、Mac OS X 和
  Unix 系统上运行，网址为 `https://xm1math.net/texmaker/`。

❑ **TeXstudio**：另一个适用于 Windows、Linux、Mac OS X 和 Unix 系统的跨平台编辑器，网址为 `https://texstudio.org/`。

❑ **Kile**：一个对用户友好的编辑器，适用于带有 KDE（K 桌面环境）功能的操作系统，如 Linux，网址为 `https://kile.sourceforge.io/`。

❑ **TeXShop**：一个易于使用且非常受欢迎的 Mac OS X 编辑器，网址为 `https://pages.uoregon.edu/koch/texshop/`。

这些编辑器都是免费、开源的。在网站 `https://latexguide.org/editors` 可以找到更多编辑器。

在线编辑器可以在任何联网的操作系统上运行。下一节将介绍在线编辑器和编译器。

1.4　通过 Overleaf 在线使用 LaTeX

上一节建议读者在计算机上安装 LaTeX，但这样会占用大约 8 GB 的硬盘空间，还要花费两个小时的时间。

如果在浏览器中就能使用 LaTeX，这听起来如何呢？这就是接下来要介绍的 Overleaf。Overleaf 是一个在线 LaTeX 服务，由一群热衷 TeX 的数学家在 2011 年创建。读者可以通过这个链接访问 Overleaf：`https://www.overleaf.com`。

本节将介绍如下内容。

❑ 检查 Overleaf 的需求。

❑ 了解 Overleaf 的优势。

❑ 评估可使用 Overleaf 的注意事项。

❑ 使用 Overleaf 编辑器。

❑ 试用 Writefull。

1.4.1　Overleaf 的需求和功能

使用 Overleaf，需要具备以下条件。

❑ 能联网，并使用 Firefox、Chrome、Opera 或 Edge 浏览器等。

❑ 不需要其他软件，如 LaTeX 编译器、编辑器或 PDF 查看器。

Overleaf 的基本功能是免费的，并且涵盖用户常用的功能。Overleaf 提供完整的 TeX Live，可以无限制创建项目，具备功能丰富的编辑器，还可以与其他用户进行实时同步协作，并且有数百个模板可供使用。读者可以免费使用 Overleaf 轻松书写论文或书籍。

高级的个人或专业订阅需要付费，高级版提供更多的功能，具体如下。

❏ 每个项目可以有无限的合作者。

❏ 文档历史记录（在不同文档版本之间切换）。

❏ 高级书目管理（使用 Mendeley）。

❏ 整合 Dropbox 的同步功能。

❏ 整合 GitHub。

❏ 高级客户的优先帮助服务。

Overleaf 的高级功能比常规 LaTeX 丰富。读者可以了解自己是否具备资格，许多大学和机构与 Overleaf 进行了合作，为其成员提供完整的 Overleaf 服务。

1.4.2　Overleaf 的优势

与在计算机上使用的 LaTeX 传统编辑器相比，使用 Overleaf 的优势是什么呢？通过 Overleaf，读者可以做到以下几点。

❏ 在个人计算机、笔记本电脑、平板电脑或智能手机等设备上使用 Overleaf。

❏ 在办公计算机上无法自行安装软件，但能使用 Overleaf。

❏ 如果使用自己的密码登录，就可以在多种设备上访问自己的文档（无论是个人计算机、办公计算机还是图书馆的计算机）。

❏ 邀请他人和你一起工作，双方都可以编辑并立即看到对方的修改，这样可以使协作变得容易。

❏ 在进行输入时，可以自动、实时查看 PDF 结果。

❏ 访问 LaTeX 项目的版本历史，以跟踪变化。

❏ 对 LaTeX 源代码进行注解，并带有注释及对注释的回答。

❏ 不做升级使用新款的 LaTeX 软件进行工作。

1.4.3　在线使用的注意事项

为了更好地使用 Overleaf，还有如下一些注意事项。

❏ 使用时需要联网。

❏ 由于文档是在线存储的，用户必须依赖 Overleaf 保障数据安全和隐私。参见 `https://www.overleaf.com/legal`。

❏ Overleaf 的 TeX 版本可能落后于官方的 TeX Live，必须等待 Overleaf 更新版本。

❏ 使用速度取决于 Overleaf 服务器和网络连接的状况，不仅是计算机性能。

1.4.4　在线创建第一个文档

下面分两步在 Overleaf 上创建自己的空间，然后开始第一个 LaTeX 项目。

（1）进行注册。在 Overleaf 主页上单击 **Register**（注册）按钮，或打开网页 `https://www.overleaf.com/register`。输入电子邮件地址和密码进行注册。

（2）登录 Overleaf。单击主页上的 **Login**（登录）按钮，或打开网页 `https://www.overleaf.com/login`，如图 1.10 所示。

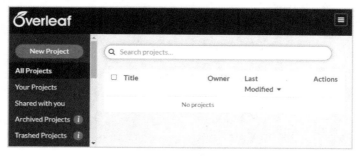

图 1.10　创建一个新项目

为什么需要注册？

通过电子邮件地址进行注册是为了遵守数据保护法。如果用户忘记了密码，可以要求 Overleaf 向注册时使用的电子邮件地址发送密码重置链接。通过使用电子邮件地址，可以证明用户的身份和数据的所有权。

（3）单击 **New Project**（新建项目）按钮。弹出一个下拉列表，在这个下拉列表中可以选择一个空白项目或基于模板的项目，如书籍、演讲、简历或论文模板。在这个示例中选择空白项目。

（4）而后，Overleaf 会询问项目名称，填入一个项目名称。这样就新建好项目了，如图 1.11 所示。

新建的项目并不是完全空白的，它包含一些小代码框，用户可以填入文本，快速开始项目。

当用户单击 **Recompile**（重新编译）按钮或按快捷键 Ctrl + Enter 时，右侧的预览窗口会刷新。如果打开重新编译菜单，在下拉菜单中选择 Auto Compile（自动编译），就可以启用自动排版。如图 1.12 所示，其中的自动编译是打开的。在输入时，文档就能自动刷新。

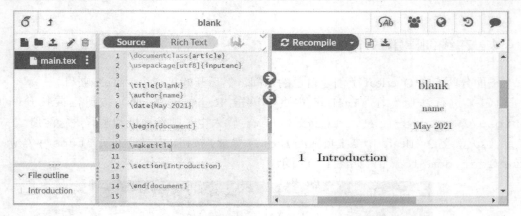

图 1.11　一个新项目

图 1.12　编译设置

Overleaf 与经典的 LaTeX 编辑器有许多不同点,接下来将详细介绍 Overleaf 的各个功能。

1.4.5　探索 Overleaf

为了了解 Overleaf 中的更多功能,接下来查看更为复杂的文档,这里使用硕士和博士论文模板,打开网页 `https://www.latextemplates.com/template/master-doctoral-thesis`。单击 **Open in Overleaf**(在 Overleaf 中打开)按钮。Overleaf 会为用户创建一个项目,如图 1.13 所示。

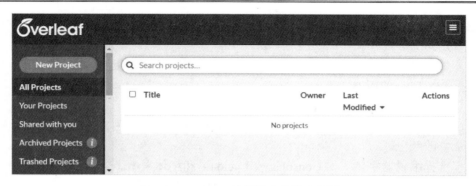

图 1.13　Overleaf 编辑器中的论文模板

在图 1.13 的最左边，可以看到文档结构及文档。在它旁边是 LaTeX 源代码。在右边可以看到 PDF 的输出预览。

在 Overleaf 最基本的形式中，可以在左侧编写代码，单击 **Recompile**（编译）按钮，就能在右侧查看结果。

在编辑时，Overleaf 会记录修改历史，可以给各版本加标签，便于事后检查。单击顶部的 **History**（历史）按钮可以显示版本，如图 1.14 所示。

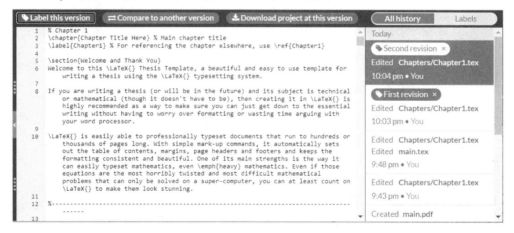

图 1.14　Overleaf 中的文档历史记录

单击右侧的某个版本以切换到该版本。

如果单击左上角的 **Menu**（菜单）按钮，可以实现如下操作（此处不展示截图）。

❑　让 Overleaf 统计文档中的单词，不包括命令和环境等代码语法。

❑　与 Dropbox 或 GitHub 同步。

- ❑ 选择编译器（pdfLaTeX、classic LaTeX、XeLaTeX、LuaLaTeX，适用于高级用户）。
- ❑ 如果要用旧的 TeX Live 版本编译旧文档，或切换到新版本的 TeX Live，可设置 TeX Live 的版本。
- ❑ 如果项目由多个文档组成，选择一个主 .tex 文档。
- ❑ 为代码标记和背景选择编辑器主题样式，在浅色、淡色、深色和其他颜色之间修改颜色。
- ❑ 选择编辑器字体（如 Consolas 或 Lucida）和字体大小。
- ❑ 激活或关闭拼写检查、自动补全、自动补充括号、代码检查。

Overleaf 集成的拼写检查器以波浪线标记问题。只需右击即可获得替换建议，如图 1.15 所示。

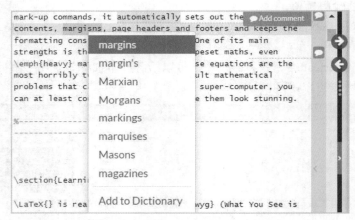

图 1.15　Overleaf 中的拼写检查

除了拼写检查，Overleaf 还有更多功能。

1.4.6　使用 Writefull 进行语法和语言反馈

Overleaf 的插件 **Writefull** 可以检查语法，并为文本提供措辞建议。Writefull 是为科学写作而设计的，并经过数百万篇科研期刊文章训练而成。它还可以纠正错别字、语法错误、词汇拼写、标点符号等问题。

以前面的论文模板作为示例，查看 Writefull 的实际作用，如图 1.16 所示。

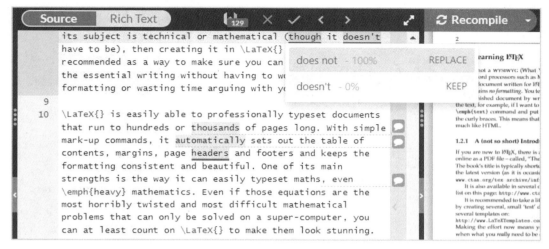

图 1.16　使用 Writefull 检查语法

虽然 Writefull 不会像真人一样发声抱怨，但它训练有素的人工智能发现了 129 处潜在问题，并为画出红色下画线的单词提供了建议。

- □　though 可以用 although 替换。
- □　在正式写作中，don't 可以用 does not 替换。
- □　在 headers 之后，应该有一个"牛津式"逗号，即在列举单词的末尾和"and"之前添加一个逗号。

读者可以仿照本书中所做的，尽量让文本轻松自然，不那么正式，论文或研究文章及任何科学写作都可以从这些建议中受益。

Writefull 插件最初适用于 Chrome 浏览器。未来将支持其他浏览器，如 Firefox。Writefull 的基础版本是免费的，它还有一个高级版本，可以从其网站加以了解。

1.4.7　审核和评论

在图 1.16 中使用了高亮显示的文本和文字评论符号。当单击 **Review**（审核）按钮时，将展开审核栏，并展示注释，如图 1.17 所示。

用户可以标记文本片段，单击并**添加评论**，写上自己的想法，也可以回复其他人的评论。这对单独写作和与同事或编辑的合作都有帮助。

这个功能和前面提到的多项功能可使读者更好地了解 LaTeX 服务。

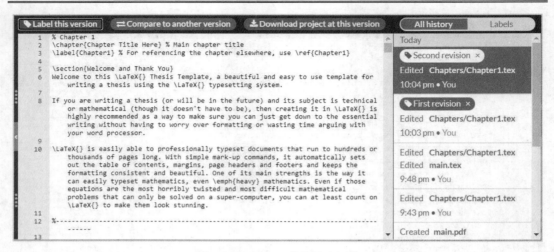

图 1.17　Overleaf 的审核和评论

> **使用 Overleaf 体验本书中的示例**
>
> 　　本书中的所有代码示例都可以同时在 Overleaf 中打开。打开 https://
> latexguide.org/ code，这里已经准备好了本书所有示例，直接编辑或编译就可以了。

　　下一节将介绍在使用本书时，访问其他支持文档和参考资料的方法。

1.5　查 阅 文 档

　　LaTeX 中有几百个类和包可供使用。没有任何一本书能涵盖所有内容。不过，这些软件包中的大多数都提供了详细的文档，用户可以很容易地打开并阅读。如果学习完本书，再辅以提到的软件包文档，就能熟练地使用 LaTeX。

　　下面的章节介绍了许多 LaTeX 软件包，它们提供了附加的功能。为了做好准备，需要了解如何访问这些软件包的文档。

　　安装好 LaTeX 之后，在计算机上直接打开软件包手册。

- ❑　在 Windows 上：打开**开始菜单**，选择 **TeX Live** 文档夹，并单击 TeX Live 命令行。或者，直接运行 Windows 的 **cmd** 应用程序。
- ❑　在 Mac 或 Linux 上：启动**终端**应用程序。

　　然后，只需输入命令 `texdoc packagename` 并按 Enter 键。例如，输入命令 `texdoc geometry` 可以打开一个 PDF 文档，这就是 `geometry` 包的手册。

如果没有安装 LaTeX，可以在线获取文档。在浏览器中，打开网页 `https://texdoc.org/ pkg/packagename`。这只是模板 URL，如果想获取 `geometry` 包的文档，则输入 `https://texdoc.org/pkg/geometry`。这个方法对于 Overleaf 用户更为便捷。

阅读本书时请记住

　为了便捷地参考包的文档，可以使用 `texdoc` 命令打开文档或使用网站 `https://texdoc.org`。

互联网上有很多与 LaTeX 相关的文档，包括教程和参考资料。本书将在第 14 章中介绍。

1.6　总　　结

本章介绍了 LaTeX 的优势，接下来将讲解如何使用 LaTeX 进行写作。此外，本章还介绍了在本地计算机及云端线上，如何安装、编辑和使用 LaTeX。

安装并测试运行 LaTeX 系统之后，就可以动手写 LaTeX 文档了。下一章将详细讲解如何格式化文本。

第 2 章　文本格式化和创建宏

上一章中介绍了如何安装 LaTeX，并使用 TeXworks 编辑器及 Overleaf 编写了第一份文档。本章将讲解文本的结构，并介绍如何格式化文本。

在本章中，将讨论以下内容。

- ❑　使用逻辑格式化。
- ❑　了解 LaTeX 如何读取输入。
- ❑　修改文本字体。
- ❑　创建自定义命令。
- ❑　使用方框限制段落的宽度。
- ❑　断行和分段。
- ❑　关闭全局调整。
- ❑　展示引文。

通过与示例相结合并尝试新功能，本章将介绍 LaTeX 的一些基本概念。在本章结束时，读者能熟悉命令和环境，甚至能够自定义命令。

接下来，读者就要开始亲自动手尝试了，当文档代码出现问题时，可能会遇到错误信息。在这种情况下，可以在第 13 章中寻找解决方案。

2.1　技　术　要　求

读者可以在自己的计算机上安装 LaTeX，也可以使用 Overleaf。

在本书的网站上可以在线编辑和编译所有示例，地址是 `https://latexguide.org/chapter-02`。

本章代码也可以在 GitHub 上找到，地址是 `https://github.com/PacktPublishing/LaTeX-Beginner-s-Guide-2nd-Edition-/tree/main/Chapter_02_-_Formatting_Text_and_Creating_Macros`。

本章使用以下 LaTeX 软件包：`hyphenat`、`microtype`、`parskip`、`url` 和 `xspace`。如果读者不是在线使用 LaTeX，需在自己的计算机上安装这些软件包，或者按照之前的建议，安装完整的 LaTeX。

2.2　使用逻辑格式化

在 LaTeX 文档中不应该使用**物理格式化**，例如，将词句设置为粗体或斜体，或使用不同的字号。相反，应该使用逻辑格式化，如声明标题和作者，并给出章节标题。实际的格式化工作，如用大号字体打印标题、将章节标题加粗，都是由 LaTeX 完成的。

本书中的物理格式化

在本章后面的一些示例中，将使用物理格式化命令，如将单词设置为粗体或斜体。不过，这是为了练习字体命令。本章的目标是借助字体命令定义自己的逻辑命令。

在规范的 LaTeX 文档中，只有在逻辑格式化命令的定义中使用物理格式化。如果需要特定样式，如专门用于关键词的样式，需要在文档序言中定义适当的逻辑命令。在文档正文中，应该只使用逻辑格式化命令。这样就可以在整个文本中获得一致的格式，并且在修改格式化细节时，可以修改序言中的逻辑命令。本书将在接下来的章节中对此进行讨论。

为了了解典型的文档结构，接下来将讲解一个简短易懂的示例。

2.2.1　创建具有标题的文档

创建一个简短示例，其中带有一些基本格式，包括标题、作者姓名、日期、小标题和一些普通文本。

（1）在编辑器中输入以下代码，创建一个小文档。

```
\documentclass[a4paper,11pt]{article}
```

（2）指定标题、作者和日期。

```
\title{Example 2}
\author{My name}
\date{May 5, 2021}
```

（3）开始创建文档。

```
\begin{document}
```

（4）使 LaTeX 打印完整标题，包括作者和日期。

```
\maketitle
```

（5）添加章节标题和一些文本。

```
\section{What's this?}
This is our second document. It contains a title and a section with text.
\end{document}
```

（6）单击 Save（保存）按钮（或按快捷键 Ctrl+S）保存文档。为文档命名，如 example2.tex。

（7）单击 Typeset（排版）按钮（或按快捷键 Ctrl + T）编译文档，把代码转换成 PDF 文档。

（8）查看输出，如图 2.1 所示。

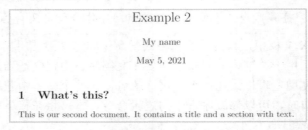

图 2.1　带有标题的文本

单击排版按钮后，TeXworks 编辑器将立即显示 PDF 预览，同时创建一个 PDF 文档。在这个示例中，该文档为 example2.pdf，它和原始代码文档 example2.tex 位于同一个文档夹。

在第 1 章中谈到了逻辑格式化。接下来从这个角度再来看看这个示例。指示 LaTeX 以下内容。

❑　文档属于 article（文章）类型。在 A4 纸上打印，其基本字体的大小为 11 号。

❑　该文档的标题是 **Example 2**。

❑　文档展示了作者名。

❑　写作日期是 2021 年 5 月 5 日。

关于该文档的内容，做了如下声明。

❑　内容以一个标题开始。

❑　第一部分的小标题是"**What's this?**"。

❑　小标题之后是文字"**This is our second document. It contains a title and a section with text.**"。

注意，本示例没有设置标题或小标题的字体大小，也没有设置粗体或居中。这些格式化工作是由 LaTeX 完成的，用户也可以设置 LaTeX 呈现出来的外观。

自动保存

　　一旦保存过文档，就不需要再单击保存按钮了。当单击 Typeset 按钮时，TeXworks 会自动保存文档。

2.2.2　探索文档结构

　　本小节将详细介绍刚创建的示例。LaTeX 文档并不是独立存在的，一般来说，LaTeX 文档是基于通用的模板。这样的基本模板被称为**模板类**（class）。模板类提供了可定制的功能，用于特定需求。书籍、期刊文章、信件、演讲、海报等都有相应的类。在网上可以找到数百个可用的模板类，如果安装了 TeX Live，也可以在计算机上找到模板类。本示例选择了 article 类，这是适用于小型文档的标准 LaTeX 类。

　　文档第一行以\documentclass 开始。这个词以反斜杠作为开头，这样的词被称为**命令或宏**（macro）。在本章的第一个示例中，我们使用过命令指定类和声明文档属性，即\title、\author 和\date。这些命令存储了属性，但并不打印内容。

　　文档的第一个部分称为序言（preamble）。通常在这里选择类、指定属性，并对整篇文档进行定义。

　　\begin{document}标志着序言的结束和正文的开始。\end{document}标志着文档结束，该命令之后的所有内容都会被 LaTeX 忽略。通常，这样一段由\begin 和\end 命令对构成的代码被称为**环境**（environment）。

　　在实际文档中使用了\maketitle 命令，它以一种优雅的样式打印标题、作者和日期。使用\section 命令创建了小标题，它比普通文本字体更大、更粗。然后再输入一些文字。序言之后的内容都位于文档环境之中，将被打印出来。序言本身并不生成任何输出。

　　现在已经初步了解了命令是什么，接下来详细介绍命令的语法。

2.2.3　理解 LaTeX 命令

　　LaTeX 命令以反斜杠开头，后面是大写或小写的字母，通常以描述性的方式命名。但也有例外，有些命令由反斜杠和特殊字符组成。

　　命令中也可以有**参数**，参数是决定命令以何种方式工作的选项，位于大括号或中括号中。

　　命令的调用如下。

```
\command
```

命令使用的参数如下。

```
\command{argument}
```

也可以通过如下方式使用参数。

```
\command[optional argument]{argument}
```

命令中可以有多个参数，每个参数都在大括号或中括号里。大括号中的参数是强制性的。如果命令被定义为需要一个参数，就必须给出一个参数。例如，如果没有说明类名，则调用\documentclass 没有任何效果。

中括号内的参数是可选参数，可以有，也可以没有。如果没有提供可选参数，命令将使用默认参数。例如，在第 1 章的第一个示例中，我们使用了命令\documentclass{article}。该文档的基本字体大小为 10，因为该类的默认基本字体大小就是 10。在第二份文档中使用了\documentclass[a4paper,11pt]{article}。在这个示例中，用给定值替换了默认值，所以文档将使用 A4 纸排版，字号为11。

> **命令、宏和声明**
>
> 大多数 LaTeX 命令，包括自定义的命令，都是由其他命令组成的。这就是为什么 LaTeX 命令被称为宏，宏和命令这两个术语也可以互换使用。如果命令或宏不打印内容，只是修改当前设置，如字体形状或文本对齐方式，则这些命令或宏也称为声明。

接下来，介绍环境的语法。

2.2.4   了解 LaTeX 环境

LaTeX 环境以\begin 开始，以\end 结束。这两个命令都需要环境名作为参数。简单环境如下。

```
\begin{name}
…
\end{name}
```

这个环境可用于每个\name 声明。

和命令一样，环境也可以有参数，强制性参数位于大括号中，可选参数位于中括号中。带有参数的环境如下。

```
\begin{name}{argument}
```

```
…
\end{name}
```

环境也可能如下。

```
\begin{name}[optional argument]{argument}
…
\end{name}
```

环境就像有内置作用范围的声明。通过\begin，环境引入了版式、字体或其他属性的修改。还必须有一个\end 命令，用于取消以上的修改。环境名称的效果被限定在\begin{name}和\end{name}之间的代码块。

此外，在环境中使用的所有局部声明的效果将与周围环境一起结束。

现在已经了解了有关 LaTeX 命令和环境的语法，接下来介绍 LaTeX 如何处理输入的内容。

2.3 LaTeX 读取输入的原理

在继续进行写作之前，首先要学习 LaTeX 如何理解输入的内容。

❑ 除了简单的字母，用户还可以输入（或复制、粘贴）重音字符，如 ä、ü、ö，以及其他语言的字符，如希腊语或俄语。

❑ 输入代码中的空格将在输出文档中显示为空格，而若干连续的空格将视为一个空格。

❑ 在源代码中，每行末尾被视为空格。

❑ 将源代码中的空行处理为分段。

某些字符具有特殊含义。

❑ 反斜杠\，用于启动 LaTeX 命令或宏。

❑ 大括号和中括号用于命令参数。

❑ 美元符号$，用于启动和结束数学模式，第 9 章中将详细介绍。

❑ 百分号%，用于指示 LaTeX 忽略该行的剩余部分。

百分号其实是引入了一条注释。所有在百分号与行尾之间的内容将被 LaTeX 忽略，并且不会打印出来。这样就可以在文档中插入注释。它常用于 LaTeX 模板，用于告知用户模板的功能，以及用户需要在特定节点完成的工作。注意，百分号之后的行尾空格也会被忽略。

通过试错进行调试

　　如果要暂时禁用命令，相对于直接删除命令，使用百分号注释会更好。这样就可以通过移除百分号轻松撤销此修改。

　　这就是百分号的作用，如果想在 LaTeX 中写入文本 100%，应该怎么做呢？其他特殊符号都有什么呢？下面将进行讲解。

　　常见文本包含大写和小写字母、数字及标点符号，可以直接将其输入编辑器中。但是，有些字符是为 LaTeX 命令保留的，不能直接使用。前面已经遇到过此类字符，包括百分号和大括号。为了解决这个问题，可以使用 LaTeX 命令打印这些符号。

　　接下来将编写一个非常简短的示例，用于打印包含美元符号和百分号的数字，以及一些其他符号。

　　（1）创建新文档并输入以下代码。

```
\documentclass{article}
\begin{document}
Statement \#1:
50\% of \$100 equals \$50.
More special symbols are \&, \_, \{ and \}.
\end{document}
```

　　（2）单击"排版"按钮编译文档。

　　（3）查看输出，如图 2.2 所示。

> Statement #1: 50% of $100 equals $50.
> More special symbols are &, _, { and }.

图 2.2　特殊符号

　　在特殊符号之前放置反斜杠，可以将其变成 LaTeX 命令。这条命令的唯一目的是打印该符号。

打印反斜杠

　　读者可能想知道如何打印反斜杠。打印反斜杠的命令是\textbackslash，而\\是换行符的快捷方式。这是因为换行符需要经常用到，而输出中很少需要反斜杠，所以将\\作为换行的快捷方式。

有大量符号可以表示数学公式、象棋符号、生肖符号、乐谱等。现在不需要处理这些符号，本书第 9 章将再次介绍该主题，届时会使用符号排版数学公式。

现在已经知道了如何输入纯文本，接下来讲解如何对其进行格式化。

2.4　修改文本字体

LaTeX 已经自动进行了一些格式化。例如，章节标题比普通文本的字体大且是粗体。接下来将学习如何修改文本的外观。

2.4.1　调整字形

在这个示例中，将强调一个文本中的重要单词，使单词显示为粗体、斜体（italic）或歪体（slanted）。我们还将了解如何突出已强调文本中的部分单词。

流程如下。

（1）创建新文档，包含如下代码。

```
\documentclass{article}
\begin{document}
Text can be \emph{emphasized}.
Besides from \textit{italics}, words can be \textbf{bold}, \textsl
{slanted}, or typeset in \textsc {Small Caps}.
Such commands can be \textit{\textbf{nested}}.
\emph{See how \emph{emphasizing} looks when nested.}
\end{document}
```

（2）单击"排版"按钮并查看输出，如图 2.3 所示。

> Text can be *emphasized*.
> Besides from *italics*, words can be **bold**, *slanted*, or typeset in SMALL CAPS.
> Such commands can be ***nested***.
> *See how* emphasizing *looks when nested.*

图 2.3　强调短语

在一开始使用了命令\emph，并传入一个单词作为这个命令的参数。此参数将以斜体排版，这是 LaTeX 强调文本的默认方式。

文本的格式化命令通常类似于\text**{argument}，其中的**代表两个字母的缩写，如 bf 代表粗体，it 代表斜体，sl 代表歪体。命令中的参数将按照设置进行相应的格式化，正如示例中所显示的那样。命令结束之后，后续文本将继续照常排版。

示例还对\textIt 和\textBF 这两个命令使用了嵌套，这样就能将两种样式整合起来，使文本同时以斜体和粗体显示。

如果连用两次字体命令，大多数命令都会显示为相同的效果。例如\textbf{\textbf{words}}，单词 words 并没有变得更粗。

但是，\emph 的作用略有不同。\emph 能将文本变为斜体，但是如果对已经是斜体的文本使用\emph，它将从斜体变成正体。假如一条重要定理完全用斜体排版，若想在这个定理中突出一个词，这个词不应该是斜体，而应再次设置为正体。

合理改变字形

将字形进行组合，如同时使用粗体和斜体，可能会出现问题。建议读者合理使用字形，并保持前后一致。

2.4.2　选择字体族

LaTeX 的默认字体是**衬线字体**（也称为**罗马字体**），这意味着被称为**衬线**的小线条或笔画会附加在字母上。如果没有衬线，则将其称为**无衬线字体**。

比较图 2.4 中的两行文字。观察第一个字母 **T**，它清晰地显示了衬线字体和无衬线字体的区别。

This is serif
This is sans-serif

图 2.4　衬线字体与无衬线字体

这些不同类型的字体称为**字体族**或**印刷字体**（typeface）。

另一种印刷字体是**等宽字体**，它的所有字母都具有相同的宽度。等宽字体也称为**打字机字体**。

在示例文档中切换字体族。以粗体开始，但是粗体再加上衬线看起来很重，因此将使用无衬线的粗体。下面的文本包含一个网址，示例使用打字机字体对该网址进行强调。

步骤如下。

（1）创建 LaTeX 文档，包含以下代码。

```
\documentclass{article}
\begin{document}
\textsf{\textbf{Get help on the Internet}}
\texttt{https://latex.org} is a support forum for \LaTeX.
\end{document}
```

（2）单击"排版"按钮，查看结果，如图 2.5 所示。

Get help on the Internet
https://latex.org is a support forum for LaTeX.

图 2.5　带有 URL 的文本

这个示例使用了更多的字体命令。通过使用\textsf，标题行选择了无衬线字体。通过使用\texttt，使网址的字体为打字机字体。可以像之前学过的字体命令那样使用这些命令。

衬线作为字母边缘的装饰线，可以引导读者的视线，从而提高可读性，因此广泛用于印刷书籍和报纸。

但是，标题通常不使用衬线字体。无衬线字体也是屏幕文本的好选择，因为它们在分辨率较低的屏幕或字体较小的手机显示屏上的可读性更好。无衬线字体通常是电子书和网页文本的首选。

等宽字体或打字机字体无论是在印刷物还是在文本编辑器中，都是编写计算机程序源代码的首选。

现在所看到的命令都是以大括号内的参数文本进行格式化的。LaTeX 还提供了不带参数的命令，其工作方式类似开关。

根据下面的步骤，使用字体族切换命令修改前面的示例。

（1）使用以下代码，编辑前面的示例。

```
\documentclass{article}
\begin{document}
\sffamily\bfseries Get help on the Internet

\normalfont\ttfamily https://latex.org\normalfont\ is
a support forum for \LaTeX.
\end{document}
```

（2）单击"排版"按钮进行编译。

（3）将输出结果与前面的示例相比较，效果是一样的。

通过使用\sffamily 命令，可以切换到无衬线字体，并用\bfseries 命令将文本修改为粗体。使用\normalfont 命令，可以重置为默认的 LaTeX 字体，然后使用\ttfamily 命令切换到打字机字体。在网址之后再次使用\normalfont 切换到默认字体。

这种切换命令本身并不产生任何输出，但会影响后面的文本，所以是一种声明。

在此，总结一下字体命令和声明，以及它们的含义，如表 2.1 所示。

表 2.1　字体命令

命 令	声 明	含 义
\textrm{...}	\rmfamily	罗马字体族
\textsf{...}	\sffamily	无衬线字体族
\texttt{...}	\ttfamily	打印机字体族
\textbf{...}	\bffamily	粗体
\textmd{...}	\mdfamily	中等字体
\textit{...}	\itfamily	斜体
\textsl{...}	\slfamily	歪体
\textsc{...}	\scfamily	小型大写字体
\textup{...}	\upfamily	直立字体
\textnormal{...}	\normalfamily	默认字体

关于强调

　　\emph 对应的声明是\em。

2.4.3　用括号限定命令的效果

在前面的示例中，使用了命令\normalfont 将字体重置为默认字体。还可以使用大括号指示 LaTeX 从何处应用命令，并在何处结束。

（1）使用如下代码，缩短并修改图 2.3 的字体示例。

```
\documentclass{article}
\begin{document}
Besides from {\itshape italics}, words can be
{\bfseries bold}, {\slshape slanted}, or typeset
in {\scshape Small Caps}.
\end{document}
```

（2）单击"排版"按钮并查看输出，如图 2.6 所示。

> Besides from *italics*, words can be **bold**, *slanted*, or typeset in SMALL CAPS.

图 2.6　使用声明修改字体重量和形状

当使用声明修改字体时，以左大括号开始，然后是字体声明命令。该命令的效果一直持续到用相应的右括号结束它。

左大括号指示 LaTeX 开始一个命令组。以下命令对后续文本有效，直到右大括号结束该命令组。命令组也可以进行嵌套，示例如下。

```
Normal text, {\sffamily sans serif text {\bfseries and bold}}.
```

命令的有效区域被称为**作用域**。用户必须小心翼翼地完成每个命令组，每个左括号都必须有一个关联的右括号。

简而言之，命令组是由大括号定义的，包含并限制了局部命令的效果。

2.4.4　探索字体大小

这一节将使用 LaTeX 的默认字体大小命令尝试所有可用的字体大小。

（1）使用以下代码创建文档。

```
\documentclass{article}
\begin{document}
\tiny We \scriptsize start \footnotesize very
\small small, \normalsize get \large big \Large
and \LARGE bigger, \huge huge, \Huge gigantic!
\end{document}
```

（2）单击"排版"按钮，观察输出，如图 2.7 所示。

图 2.7　字体大小

上述示例使用了所有 10 种可用的字体大小声明，从最小的\tiny 开始，到最大的\Huge 结束。这些声明不接收相应参数，所以必须使用大括号限定其作用范围。

实际生成的字体大小与基本字体大小成比例。如果文档的基本字体是 12 号，则/tiny 会得到大于 10 号基本字体的文本。

如果要得到与 LaTeX 脚注大小相同的字体，可使用\footnotesize；如果要创建与 LaTeX 下标和上标相匹配的样式，可使用\scriptsize。文档类提供了精心挑选且适合的字体大小可供选择，所以读者通常不需要设置字体的物理大小。在 *LaTeX Cookbook*（Packt）的第 3 章中，涉及更多高级字体调整命令。

为了练习，在本节中使用了许多预定义的字体命令。下一个目标是创建自定义的逻辑格式化命令，在文档正文中使用它们代替物理字体命令。

2.5　创建自定义命令

如果经常在文档中使用同一术语，反复输入该术语会很烦琐。如果以后想修改该术语或其格式，应该怎么办呢？为了避免在整篇文档中搜索和替换该术语，LaTeX 支持用户在序言中自定义命令。

注意，由其他命令组成的命令被称为**宏**，定义宏首先需要选择一个新的宏名称，并定义在其中使用的文本或命令序列。当执行动作时，用户只需要使用该宏的名称。

接下来从缩略语的宏开始。

2.5.1　使用宏处理简单文本

使用宏可以避免重复输入长单词或短语，宏也可以作为占位符。用户可以修改宏的内容，以便用该短语的新版本更新整篇文档。

以下示例将定义一个短命令，用于打印 TeX 用户组（TUG）的名称。

（1）在新文档中输入以下代码。

```
\documentclass{article}
\newcommand{\TUG}{\TeX\ Users Group}
\begin{document}
\section{The \TUG}
The \TUG\ is an organization for people who use
\TeX\ or \LaTeX.
\end{document}
```

（2）单击"排版"按钮，查看结果，如图 2.8 所示。

1　The TEX Users Group

The TEX Users Group is an organization for people who use TEX or LATEX.

图 2.8　自定义第一个宏的显示效果

加粗显示的\newcommand 定义了命令。第一个参数是该命令的名称，第二个参数是要在文档中打印出来的文本。

现在，每当在文档中输入\TUG，就会出现完整的名称。如果以后要修改其名称或格式，只需要修改命令\newcommand，该修改就会应用于整篇文档。

还可以在命令定义中使用格式化命令。假设要修改此命令的文本格式，使用小写字体。只需将其修改为以下内容。

```
\newcommand{\TUG}{\textsc{TeX Users Group}}
```

在上面的示例中，可以看到还使用了命令 \TeX。这个缩写命令的作用是打印排版系统的名称，其格式与其 logo 相同。\LaTeX 的原理与此类似。

注意，在 \TeX 后面使用了反斜杠。其后面的空格将命令与文本分开，并不会在输出中产生空格。使用反斜杠加空格可以强制输出空格，而不会导致空格被忽略。这也适用于刚才创建的命令。

接下来，学习如何避免手动空格。

2.5.2　命令后的间距

命令后面的反斜杠很容易被遗忘。那么能不能修改命令以使其自动化呢？LaTeX 不直接支持这样的修改，但可以通过使用包解决，包是样式和命令的集合。

在此加载 xspace 包，这个包的作用是调整打印输出后的间距。

（1）将下面一行代码插入序言中，即 \begin{document} 之前。

```
\usepackage{xspace}
```

（2）将 \xspace 命令添加到宏定义中。

```
\newcommand{\TUG}{\TeX\ Users Group\xspace}
```

\usepackage{xspace} 指示 LaTeX 加载 xspace 包并导入它的所有定义。从现在开始就可以使用这个包的所有命令。

这个包提供了 \xspace 命令，它根据以下字符插入空格。

❑　如果后面跟着普通字母，那么该命令就在宏的内容之后打印一个空格。

❑　如果后面是点、逗号、感叹号或引号，则不会插入空格。

这样，使用包 xspace 就完成了自动化。

2.5.3　创建更通用的命令并使用参数

假如文档中包含许多关键字，并且希望以粗体进行打印。如果对所有关键字使用了 \textbf 命令，但之后又想使用斜体打印，这时用户必须亲自修改每个关键字的格式。其实，有一个更好的方法，自定义宏并仅在宏定义中使用 \textbf。

1. 创建带有参数的宏

在本节中将再次使用 \newcommand 命令，但这次将引入包含关键字的参数。例如将使用命令处理一些本章中必须了解的术语。

步骤如下。

（1）在编辑器中输入以下代码示例。加粗显示的行是自定义的宏。

```
\documentclass{article}
\newcommand{\keyword}[1]{\textbf{#1}}
\begin{document}
\keyword{Grouping} by curly braces limits the
\keyword{scope} of \keyword{declarations}.
\end{document}
```

（2）单击"排版"按钮，观察输出中的关键词，如图 2.9 所示。

Grouping by curly braces limits the **scope of declarations**.

图 2.9　格式化关键词

仔细观察代码中加粗显示的\newcommand 行。中括号中的数字 1 标志着在命令中使用的参数个数。#1 被第一个参数的值替代；#2 被第二个参数的值替代，以此类推。现在，如果想把所有关键词都修改为斜体，只需修改\keyword 的定义，修改就会应用到整篇文档。

本书第一次在 2.5 节中使用\newcommand 时，在该命令中使用了两个参数：宏名称和宏命令。在前面的示例中，则有 3 个参数，额外参数放在了中括号中，这是标记可选参数的方式（这些参数可以给定，也可以省略）。如果省略就使用参数的默认值。

在此之前使用过\documentclass 命令，但是如何定义带有可选参数的命令呢？

2. 创建带有可选参数的宏

再次使用\newcommand 命令，但这次的命令包含一个可选的格式化参数和一个必选关键字参数。

（1）使用以下代码，修改前面的示例。

```
\documentclass{article}
\newcommand{\keyword}[2][\bfseries]{{#1#2}}
\begin{document}
\keyword{Grouping} by curly braces limits the
\keyword{scope} of \keyword[\itshape]{declarations}.
\end{document}
```

（2）单击"排版"按钮，查看结果，如图 2.10 所示。

Grouping by curly braces limits the **scope** of *declarations*.

图 2.10　可选参数

现在再看一下代码中加粗显示的\newcommand 行。通过使用[\bfseries]，示例引入了一个可选参数，并使用#1 引用它，其默认值为\bfseries。由于这次使用了声明，所以添加了一对大括号，以确保只有关键字受到声明的影响。在文档中把[\itshape]传给了\keyword，把默认格式改为斜体。

下面是\newcommand 的定义。

```
\newcommand{command}[arguments][optional]{definition}
```

其中参数的含义解释如下。

- ❑ command：新命令的名称，以反斜杠开始，后面是小写和/或大写字母，或者反斜杠后面是一个非字母符号。该名称不能是已经定义的，并且不允许以\end 开头。
- ❑ arguments：一个 1~9 的整数，代表新命令的参数个数。如果省略该命令将没有参数。
- ❑ optional：如果存在这个参数，则第一个参数是可选的，并在这里给出默认值。否则，所有的参数都是必选的。
- ❑ definition：每个出现的 command 都将被 definition 取代，并且每个出现的#n 将被替换为第 n 个参数。

使用\newcommand 可以为关键词、代码片段、网址、名称、注释、信息框或不同的强调文本创建样式。但是，如何实现一整本书的样式统一呢？关键就是使用\newcommand 定义样式。尽量在宏定义中使用字体命令，而不是在文档正文中使用。

> **给读者的建议**
>
> 　　尽量创建自定义宏实现逻辑结构。这样能使格式保持一致，并且可以轻松地将修改应用于整篇文档。通过定义和使用命令，可以确保自定义的格式在整篇文档中保持一致。

学会了如何格式化单词和短语之后，接下来学习如何格式化整个段落。

2.6　使用方框限定段落宽度

我们不会总是在整个文本宽度上从左到右地编写文本。有时希望某个段落的宽度更小。例如，当把文字和图片并排放在一起时。

在本节中，将学习如何在 LaTeX 中使用段落框。

2.6.1　创建窄文本框

在这个示例中，用宽度为 3cm 的文本栏解释缩写词 TUG 的含义。执行步骤如下。

（1）使用以下代码创建新文档。

```
\documentclass{article}
\begin{document}
\parbox{3cm}{TUG is an acronym. It means
\TeX\ Users Group.}
\end{document}
```

（2）单击"排版"按钮，可以看到字间距非常大，如图 2.11 所示。

在加粗显示的代码行中，使用\parbox 命令创建一列。\parbox 命令的第一个参数将宽度设置为 3cm，第二个参数为\parbox 设置包含的文本。

\parbox 接收参数文本，并输出进行格式化以适应指定的

> TUG is an acronym. It means TeX Users Group.

图 2.11　经过调整的窄段落

宽度。可以看到，文本是全填充的。但这样也引入了问题，文本的间距非常大。可能的解决办法如下。

- ❑　引入连字符，用连字符表示缩写词。
- ❑　整体改进填充样式。
- ❑　不使用全填充的样式，窄文本更适合左对齐。

我们将在 2.7 节、2.8 节中讨论这些解决方法。

回到示例，首先搞清\parbox 是如何工作的。

2.6.2　生成通用段落框

通常，需要具有固定宽度的文本框。但偶尔也需要对周围的文本有一些额外的对齐方式。所以，常见的\parbox 命令定义如下。

```
\parbox[alignment]{width}{text}
```

其中参数的含义如下。

- ❑　alignment：用于垂直对齐的可选参数。状态 t 与框顶线的基线对齐；使用 b 与底线的基线对齐。默认情况下，使文本框的中心与当前文本的中心保持一致。

❑　width：文本框的宽度，可以使用 ISO 单位，如 3 cm，44 mm，或 2 in（1 in=2.54 cm）。
❑　text：文本框中的文本，应该是一小段普通文本。对于复杂或较长的内容，可以使用 minipage 环境，本书将在下一节中使用该环境。

下面演示对齐参数的效果。

```
\documentclass{article}
\begin{document}
Text line
\quad\parbox[b]{1.8cm}{this parbox is aligned
at its bottom line}
\quad\parbox{1.5cm}{center-aligned parbox}
\quad\parbox[t]{2cm}{another parbox aligned at its top line}
\end{document}
```

\quad 命令可产生一些空格，可让文本框之间保留间距。输出如图 2.12 所示。

图 2.12　对齐的段落框

图 2.12 中的输出显示了对齐的方式。其中，**Text line** 是基线，对齐需要参考该基线，随后的文本框分别在底部、中心、顶部对齐。

2.6.3　段落框的更多特点

\parbox 的作用不止于此。如果需要用到高级定位，可使用如下完整的\parbox 定义。

```
\parbox[alignment][height][inner alignment]{width}{text}
```

其中参数的含义如下。

❑　height：如果没有给出这个可选参数，则文本框的高度为内部的文本的自然高度。如果要修改文本框的高度，可使用此参数。
❑　inner alignment：如果文本框高度与所包含文本的自然高度不同，则可能需要调整文本位置。可以添加如下的值。
　　➢　c：使文本框中的文本垂直居中。
　　➢　t：将文本放置在文本框的顶部。
　　➢　b：将文本放置在文本框的底部。

> ➢ s：垂直拉伸文本（如果可以的话）。

如果省略这个参数，将使用参数 `alignment` 作为默认值。

可使用之前的示例，尝试可选参数的效果。使用`\fbox`命令，可以将效果可视化。如果使用命令`\fbox{\parbox[...]{...}{text}`，则将构建完整的 `parbox` 框。

2.6.4　使用迷你页面

段落框适用于内部只有少量文字的文本框。如果文本框中要放入大量文字，则很容易遗忘或忽略结尾的括号。对于这种情况，使用 `minipge` 环境将是更好的选择。

在这个示例中，将使用 `minipage` 环境替代`\parbox`，获得宽度仅为 3cm 的文本样本。

（1）使用以下代码，修改文本框示例。

```
\documentclass{article}
\begin{document}
\begin{minipage}{3cm}
TUG is an acronym. It means \TeX\ Users Group.
\end{minipage}
\end{document}
```

（2）单击"排版"按钮，查看输出，如图 2.13 所示。

```
TUG       is       an
acronym.          It
means  TEX  Users
Group.
```

图 2.13　迷你页面示例

通过使用`\begin{minipage}`创建了一个"页中页"。指定 3 cm 的宽度是必选参数。从这里开始，文本行的宽度将为 3 cm。文本将被自动封装并完全对齐。使用`\end{minipage}`结束命令。而后输入的任何文字都将运行在完整的正文文本宽度上。

防止分页

在 `minipage` 环境中不存在分页，这是一种防止在文本区域内分页的方法。如果 `minipage` 环境中的文本不适合该页，就会移动到下一页。

`minipage` 环境接收的参数与`\parbox`类似，且含义相同。

如果文本被封装在文本框里，或只是在正常的行中，则文本会自动完美适应。但是，可能需要考虑手动完成断行和对齐。

2.7　断行和分段

一般来说，当用户在编写文档时不需要关心换行的问题。只要通过编辑器输入文本，LaTeX 就会使文本自动换行，并且处理好对齐问题。如果想开始一个新段落，只需在新的一行开始输入文本。

这一节将学习如何控制换行。首先，学习如何改进自动连字符。然后，学习如何直接插入断句命令。

2.7.1　改进连字符

在阅读较长的文档时，LaTeX 不仅将文本完全对齐，而且词与词的间距也是均匀分布的。如果有必要，LaTeX 还能对单词进行分割，并在行尾加上连字符，以更友好的方式进行断行。LaTeX 已经使用了非常先进的算法连接单词，但仍可能无法找到可行的方式划分单词。前面的示例就指出了这个问题，虽然拆分缩写词能改善输出，但 LaTeX 并不知道该在哪里拆分。接下来我们就来解决这个问题。

不管文本对齐得多好，对于非常窄的列，文本是很难调整对齐的。为了实现两端对齐，LaTeX 在单词之间插入了很大的空隙。

在下面的示例中，本节将指示 LaTeX 如何划分单词，以使 LaTeX 在段落对齐时更灵活。

（1）在上一示例的序言中插入以下行。

```
\hyphenation{acro-nym}
```

（2）单击"排版"按钮，查看输出，如图 2.14 所示。

通过命令指示 LaTeX，acronym 这个词在 acro 和 nym 之间可以有分割点。这意味着连字符可能放在行末的 acro 后面，而 nym 则移动到下一行。

TUG is an acro-nym. It means TeX Users Group.

图 2.14　改进段落连字符

命令 \hyphenation 指示 LaTeX 单词的分割点可能位于何处。该命令的参数是包含由空格分隔的若干单词。对于每个词可以指定若干分割点。例如，参数可以通过更多的分割点和更多的单词变体进行扩展。

```
\hyphenation{ac-ro-nym ac-ro-nym-ic a-cro-nym-i-cal-ly}
```

通过插入反斜杠和连字符也可以在正文文本中插入分割点，如 ac\-ro\-nym。但是，通过在序言中使用\hyphenation 命令，就能使用序言中的所有规则，更加具有一致性。所以，除非是在 LaTeX 自动分割失败的情况下，否则不要使用反斜杠加连字符这种方式。

2.7.2　禁用连字符

如果想对某个单词禁用连字符，有两种可行的方法。

❑　在序言中声明，使命令\hyphenation 的参数中没有分割点，如\hyphenation{indivisible}。

❑　使用\mbox 命令对文本进行保护，如 following word is \mbox{indivisible}。

hyphenat 包还提供了两种方法。

❑　\usepackage[none]{hyphenat}可以在整篇文档中禁用连字符。

❑　\usepackage[htt]{hyphenat}可以为打字机字体启用连字符。否则，这种等宽字体默认不会使用连字符。

\usepackage 的这些可选参数被称为**包选项**。这些选项可配置包的功能。用逗号分隔后，以上提到的选项也可以合并使用。即使不使用选项 none，也可以使用 nohyphens{text}命令为短文本禁用连字符，建议读者尝试一下这些功能。软件包的文档对这些功能做了更详细的解释，如数字和标点符号等特殊字符后连字符的使用方法。

2.7.3　改进对齐

当前，最流行的 TeX 编译器是 **pdfTeX**，它可以直接输出 PDF。当 Hàn Thế Thành 开发 pdfTeX 时，他为 TeX 扩展了微观排版功能。当直接排版 PDF 时，实际上是在使用 pdfLaTeX。通过使用 microtype 包，可以使用新功能。

通过加载 microtype 包改进之前的示例。

（1）在上一示例的序言中，插入以下行。

```
\usepackage{microtype}
```

（2）单击"排版"按钮，查看输出，如图 2.15 所示。

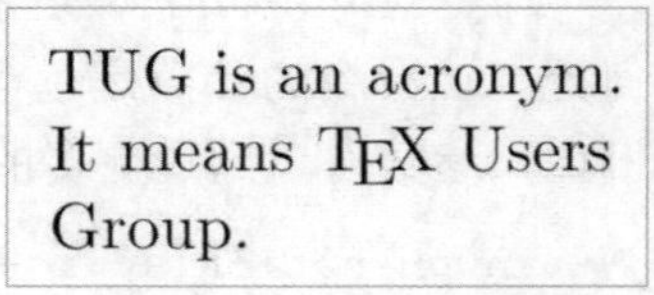

现在加载了 microtype 包，没有使用任何选项，只使用默认选项。microtype 包引入了字体扩展功能，可用于调整对齐，并可以使用悬挂式标点改善每行的边缘外观。这样就能减少对连字符的需求，避免单词之间有很大的空隙，实现全对齐。读者已经在窄列上看到了效果，建议在宽文本

TUG is an acronym. It means TeX Users Group.

图 2.15　效果更好的段落对齐

上再尝试一下。

　　尽管 microtype 包为排版提供了强大的功能和选项，但通常只需加载它就行了，而不需要做更多的工作。如果读者想深入研究，可以查看它的文档。microtype 的对齐功能很强大，但它并不是万能的，必要时仍需使用连字符。

2.7.4　手动断行

　　读者也可以忽略自动化，自行实现断行。这一节将讲解几种具有不同效果的断行命令。

　　首先打印一首爱伦·坡的诗的开头。正如爱伦·坡本人所指定诗句的结尾，我们将在那里手动插入换行符。

　　这首诗的开头具体如下。

　　（1）创建新文档，包含以下代码。

```
\documentclass{article}
\begin{document}
\noindent\emph{Annabel Lee}\\
It was many and many a year ago,\\
In a kingdom by the sea,\\
That a maiden there lived whom you may know\\
By the name of Annabel Lee
\end{document}
```

　　（2）单击"排版"按钮，查看输出，如图 2.16 所示。

> *Annabel Lee*
> It was many and many a year ago,
> In a kingdom by the sea,
> That a maiden there lived whom you may know
> By the name of Annabel Lee

图 2.16　手动换行

　　使用简短的双斜杠命令 \\ 进行换行，将双斜杠后面的文字移到下一行。这与分段不同，因为仍然是在同一段落中。\newline 命令具有同样的效果。

　　\noindent 命令可以禁止段落缩进。否则，段落中的第一行将默认缩进。缩进实际上是为了在视觉上分隔段落。因为没有章节标题，所以手动禁用了缩进。在标题之后，默认是没有缩进的。用户通常不需要使用 \noindent 命令。一般禁用缩进后，可以通过加载 parskip 包，用段间距代替。读者可以参考图 2.22 和相应的代码。

　　注意，虽然进行了换行，但它仍然是一个完整的段落。因此，换行并不会导致段落缩进，因为从逻辑上讲，它仍是同一个段落。

2.7.5　断行选项

为双斜杠命令添加一些选项如下。

❏　\\[value]可以插入额外的垂直间距，间距大小取决于参数值，如\\[3mm]。

❏　*[value]是另一种参数方法，用于在下一行文字之前禁用分页。

还有一个\linebreak 命令，可以指示 LaTeX 换行但保留全对齐方式，拉大词与词的间距，但这可能导致词间距过大，因此用得较少。

\linebreak[number]可以用来微调换行。如果 number 为 0，则允许换行；1 表示希望换行；2 和 3 表示进一步希望换行；4 表示强制换行。如果没有给出数字，默认为强制换行。

读者可以尝试这些数字。例如，将诗的标题改为以下内容。

```
\emph{Annabel Lee}\\[3mm]
```

这样就在标题和正文之间额外插入了 3 mm 的间距。读者还可以继续尝试这些选项，查看它们的效果。

2.7.6　禁用换行

\linebreak 命令有一个对应的禁用命令，即\nolinebreak，该命令可以在当前位置禁用换行。

\nolinebreak 命令也可以使用可选参数。如果命令为\nolinebreak[0]，则指示 LaTeX 不要在该处断行。使用 1、2 甚至 3 可以使请求更为强烈，\nolinebreak[4]则是完全禁用换行。如果不提供参数，则默认为\nolinebreak[4]。

上文提到的\mbox{text}命令不仅可以禁用单词的连字符，还能阻止整段 text 的换行。

LaTeX 会尽量在单词之间的空格处进行换行。符号~表示不允许在两个单词间换行。如 Dr.~Watson 这个词，"Dr."不会单独出现在行末。

默认情况下，文本是完全对齐的。这意味着文本将对齐到段落的右边，这可能导致文本拉伸，出现过大的间距。接下来看看如何禁用全对齐。

2.8　禁用全对齐

在通常情况下，使用全对齐方式可使文本更美观。但在某些情况下，全对齐的效果可能并不佳。举个例子，如果文字行数很短，全对齐的效果就不好。在这种情况下，只进行左对齐就足够了。本节介绍如何进行左对齐和右对齐，以及如何进行文本居中。

2.8.1　禁用右对齐

在前面的 parbox 的示例中，全对齐使得单词之间留有很大的间距。本示例不再使用右对齐，以避免产生大间距。

（1）用下面的代码，创建一个新文档。

```
\documentclass{article}
\begin{document}
\parbox{3cm}{\raggedright
TUG is an acronym. It means \TeX\ Users Group.}
\end{document}
```

（2）单击"排版"按钮，查看效果，如图 2.17 所示。

插入声明\raggedright。有了这个声明，文本就不会右对齐了，只进行左对齐，并且没有连字符。

因为在文本框内使用该声明，所以只在该文本框内有效。在文本框之外，文本仍然是全对齐的。

如果想让整篇文档都禁用右对齐，只需在序言中使用\raggedright。

TUG is an acronym. It means TEX Users Group.

图 2.17　左对齐的文本

2.8.2　禁用左对齐

在某些情况下，可能希望将文本进行右对齐。此时，只需插入声明\raggedleft。通过插入\\控制断行的位置。

2.8.3　文本居中

文本也可以在页面上进行水平居中，接下来用一些示例演示文本居中。

手动为文档创建美观的标题，包含标题、作者和日期，所有这些内容都进行居中。

（1）使用如下代码创建文档。

```
\documentclass{article}
\pagestyle{empty}
\begin{document}
{\centering
\huge\bfseries Centered text \\
\Large\normalfont written by me \\
\normalsize\today
}
\end{document}
```

（2）单击"排版"按钮，查看输出，如图 2.18 所示。

因为只需要居中标题，所以使用命令组限制居中效
果的范围。通过\centering 声明，将文本进行居中水
平对齐。通过插入空行，进行分段。建议在结束命令组
之前执行分段，以便对整段进行居中。通过使用结束括
号关闭命令组。如果在结束括号后又添加了一些文本，
则这些文本将正常排版，不进行居中。

Centered text
written by me
August 31, 2021

图 2.18　文本居中

\centering 命令通常用于插入图片或表格，还可以用于扉页或标题，通常是以逻
辑命令定义的形式使用。

2.8.4　使用环境进行对齐

LaTeX 有一个预定义的 center 环境，可用于居中文本并同时在段落中打印出来。
这里还是使用爱伦·坡的诗作为示例，对每一句进行居中。

（1）创建新文档。

```
\documentclass{article}
```

（2）接着，加载 url 包，这样就能打印超链接。

```
\usepackage{url}
```

（3）先输入一些文本。

```
\begin{document}
\noindent This is the beginning of a poem
by Edgar Allan Poe:
```

（4）然后，在 center 环境下写入文本。

```
\begin{center}
\emph{Annabel Lee}
\end{center}
```

（5）接着，写入诗的正文。

```
\begin{center}
It was many and many a year ago,\\
In a kingdom by the sea,\\
That a maiden there lived whom you may know\\
By the name of Annabel Lee
\end{center}
```

（6）再添加一些文本，包括 URL，链接到网页，至此完成。

```
The complete poem can be read on
\url{http://www.online-literature.com/poe/576/}.
\end{document}
```

（7）单击"排版"按钮并查看输出，如图 2.19 所示。

This is the beginning of a poem by Edgar Allan Poe:

Annabel Lee

It was many and many a year ago,
In a kingdom by the sea,
That a maiden there lived whom you may know
By the name of Annabel Lee

The complete poem can be read on http://www.online-literature.com/poe/576/.

图 2.19　对一段位于文本中的诗进行居中

在这个示例中，再次以 \noindent 开始，使段落不发生缩进。

\begin{center} 命令启动了 center 环境，它开始了一个新段落，并在文本前留出一定空间。\end{center} 命令关闭 center 环境。接着再一次使用 center 环境，并在其中使用 \\ 换行。center 环境结束后，后面会留有一定空间，然后再开始下一段。

LaTeX 中不仅有用于居中的环境，还有专门用于禁用右对齐的环境 flushleft 和禁用左对齐的环境 flushright。

和前面的示例一样，居中对齐是一种强调特定文本的方式。另一种方法是稍微缩进并在文本前后添加一些垂直空间。这种方式常用于引文，下一节进行讲解。

2.9　展　示　引　文

当文档中要引用另一位作者的文字时，需要使用引文。如果只是简单地将引文嵌入文本中，并不利于阅读。一种常见的提高可读性的方法是对文本的左右两侧进行缩进。为了进行演示，将在示例中引用一句爱因斯坦的名言。

（1）创建一个新文档，包含如下代码。

```
\documentclass{article}
\begin{document}
\noindent Niels Bohr said: ``An expert is a person
who has made all the mistakes that can be made in
a very narrow field.''
Albert Einstein said:
```

（2）展示引文。

```
\begin{quote}
Anyone who has never made a mistake has never
tried anything new.
\end{quote}
```

（3）再添加一些正文，完成示例。

```
Errors are inevitable. So, let's be brave
trying something new.
\end{document}
```

（4）单击“排版”按钮，查看结果，如图 2.20 所示。

> Niels Bohr said: "An expert is a person who has made all the mistakes that can be made in a very narrow field." Albert Einstein said:
>
> 　　Anyone who has never made a mistake has never tried anything new.
>
> Errors are inevitable. So, let's be brave trying something new.

图 2.20　引文

首先使用行内引用，即在段落文本中进行引用。``用于生成左引号（也称为反撇号），''用于生成右引号。为了正确打印双引号，必须键入这两个符号。这种方式就称为行内引用。

然后使用 quote 环境展示一段与周围文本分隔开的引文。本例并没有为该引文创建新段落，因为引文格式本身就自带段落。这种方式被称为展示性引文。

当编写简短的引文时，quoto 环境的效果是不错的。但如果引文中包含多个段落，最好使这些段落的缩进相同。此时，可以使用 quotation 环境。

作为示例，本节摘录 CTAN 网页上的一些内容作为引文，介绍 TeX 和 LaTeX 的优点。

（1）创建一个新文档，并添加如下代码。

```
\documentclass{article}
\usepackage{url}
\begin{document}
The authors of the CTAN team listed ten good reasons
for using \TeX. Among them are:
\begin{quotation}
\TeX\ has the best output. What you end with,
the symbols on the page, is as useable, and beautiful,
as a non-professional can produce.
\TeX\ knows typesetting. As those plain text samples
show, TeX's has more sophisticated typographical
algorithms such as those for making paragraphs
and for hyphenating.
\TeX\ is fast. On today's machines \TeX\ is very fast.
It is easy on memory and disk space, too.
\TeX\ is stable. It is in wide use, with a long
history. It has been tested by millions of users,
on demanding input.
It will never eat your document. Never.
\end{quotation}
The original text can be found on
\url{https://www.ctan.org/what_is_tex.html}.
\end{document}
```

（2）单击“排版”按钮，查看输出，如图 2.21 所示。

在这个示例中，使用 quotation 环境展示若干段落。与普通文本一样，空行用于分隔段落。和正文一样，这些引用段落也是左缩进的。

如果不想使用段落缩进，就需要使用下面的方法。

在下面的示例中，不使用段落缩进，而是用一定的垂直间距分隔段落。仍然使用前面示例中的文本，具体如下。

> The authors of the CTAN team listed ten good reasons for using TeX. Among them are:
>
> > TeX has the best output. What you end with, the symbols on the page, is as useable, and beautiful, as a non-professional can produce.
> > TeX knows typesetting. As those plain text samples show, TeX's has more sophisticated typographical algorithms such as those for making paragraphs and for hyphenating.
> > TeX is fast. On today's machines TeX is very fast. It is easy on memory and disk space, too.
> > TeX is stable. It is in wide use, with a long history. It has been tested by millions of users, on demanding input. It will never eat your document. Never.
>
> The original text can be found on https://www.ctan.org/what_is_tex.html.

图 2.21　引用长文本

（1）使用如下代码创建一个小文档。

```
\documentclass{article}
\usepackage{parskip}
\usepackage{url}
\begin{document}
The authors of the CTAN team listed ten good reasons
for using \TeX. Among them are:
\TeX\ has the best output. What you end with,
the symbols on the page, is as useable, and beautiful,
as a non-professional can produce\ldots
The original text can be found on
\url{https://www.ctan.org/what_is_tex.html}.
\end{document}
```

（2）单击"排版"按钮，查看效果，如图 2.22 所示。

> The authors of the CTAN team listed ten good reasons for using TeX. Among them are:
>
> TeX has the best output. What you end with, the symbols on the page, is as useable, and beautiful, as a non-professional can produce...
>
> The original text can be found on https://www.ctan.org/what_is_tex.html.

图 2.22　使用垂直间距分隔段落

在这个示例中，加载了 parskip 包，这个包的作用是完全禁用段落缩进，同时在段落之间引入间距。这个包不影响 quotation 环境，用户仍然可以使用 quote 环境。

可视化段落分隔符

　　有两种常见的区分段落的方法。第一种是对每段开头进行缩进，这是 LaTeX 默认的方式。另一种方法是在段落间插入垂直空间，同时禁用缩进，这种方式适用于较窄的列，以免缩进占用太多水平宽度。

2.10　总　　结

　　在本章中，我们探讨了对文本进行编辑、排列和格式化的基础知识，具体介绍了如何修改文本的字体和样式，并使用带有强制参数和可选参数的命令和声明，以及如何自定义命令。我们还学习了如何对段落进行格式化，包括左对齐、右对齐和全对齐。此外，我们还学习了如何使用引用。

　　读者最好使用在序言中定义过的命令，这样在直接使用命令格式化文本时，可以做到对格式的统一修改。随着阅读本书后续章节，读者将学习到更多实用的命令和包，这些命令和包可以对前面编写的命令进行改进。

　　在本章详细研究文本格式化之后，下一章将讨论整个页面的格式化和版式，包括页边距大小、页眉和页脚。

第3章 设计页面

经过前一章的学习，读者应该已经掌握如何格式化文本了。本章将更进一步学习如何对整个页面进行格式化。

读者将学习如何以章节的形式构建文档，以及如何修改页面的外观，如页边距、页面方向、页眉和页脚，以调整文档的外观设计。

本章将介绍以下内容。

❑ 创建带有章节的书。

❑ 定义页面距。

❑ 使用类选项。

❑ 设计页眉和页脚。

❑ 使用脚注。

❑ 分页。

❑ 放大页面。

❑ 修改行间距。

❑ 创建目录。

通过学习以上内容，读者将更深入地了解类和包。

首先创建一个更长、具有数页的示例文档，作为试验的对象。

3.1 技 术 要 求

读者需要在计算机上安装 LaTeX 软件，或使用在线的 Overleaf。读者可以在本书配套网站（https://latexguide.org/chapter-03）上，在线编辑和编译本章所有示例。

读者也可以从 GitHub 上下载代码：https://github.com/PacktPublishing/LaTeX-Beginner-s-Guide-2nd-Edition-/tree/main/Chapter_03_-_Designing_Pages.

本章使用的 LaTeX 软件包有 babel、blindtext、fancyhdr、geometry 和 setspace。如果不能联网，且没有安装完整版的 LaTeX，要确保安装了这些包。此外，本章涉及的软件包还包括 bigfoot、endnotes、footmisc、lipsum、manyfoot、 multicol、safefnmark 和 scrlayer-scrpage，读者可按照需求使用。

读者可以从 CTAN 网站（https://ctan.org/pkg/<packagename>）上找到这些软件包的相关信息，并从 TEXDOC 网站（https://texdoc.org/pkg/<packagename>）上找到对应的文档。

3.2　创 建 章 节

本节将开始创作一本书。首先选择一个类，并使用一些填充文本搭建页面版式，步骤如下。

（1）创建一个新文档，使用以下代码作为序言。

```
\documentclass[a4paper,12pt]{book}
\usepackage[english]{babel}
\usepackage{blindtext}
```

（2）继续写正文，包含章节标题、小节和分节标题，以及一些填充文本。

```
\begin{document}
\chapter{Exploring the page layout}
In this chapter we will study the layout of pages.
\section{Some filler text}
\blindtext
\section{A lot more filler text}
More dummy text will follow.
\subsection{Plenty of filler text}
\blindtext[10]
\end{document}
```

（3）单击"排版"按钮进行编译。第一页如图 3.1 所示。

这个示例使用了 book 类。顾名思义，book 类适用于书本型文档。书通常是双面的，并且包含各个章节。在默认情况下，各章是从右侧页面开始的，并且这些页面的页码是奇数。如果要实现这个效果，可以在左侧插入一张空白的偶数页，这样新的一章可以在右侧页面开始。

此外，书籍的文前可能有一个或多个扉页，文后还可能有参考文献、索引等。book 类支持所有这些内容。

示例使用了选项 a4paper，所以文档的格式将适合于 A4 纸。对于信纸尺寸，可以转而使用选项 letterpaper。

文档类选项 12pt 指示 LaTeX 使用 12 号的基本字体大小。

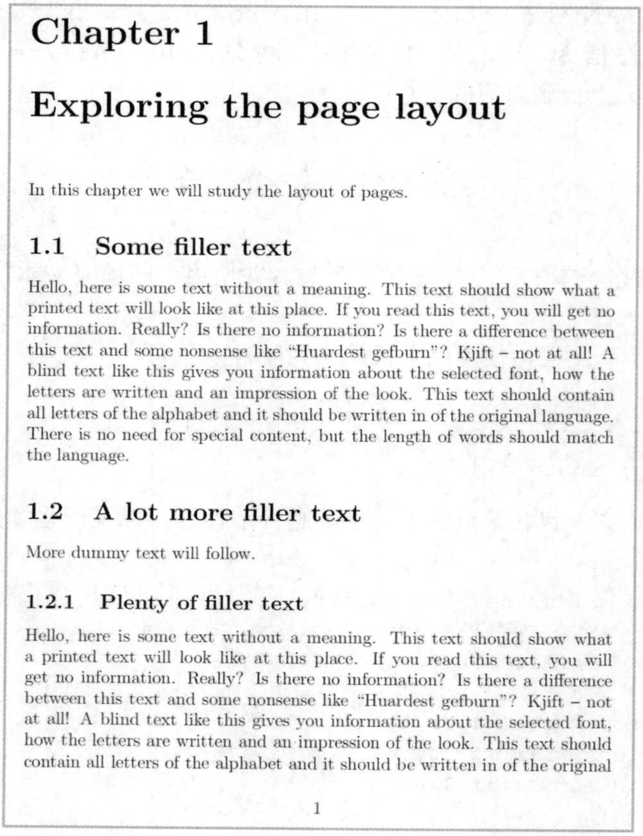

Chapter 1

Exploring the page layout

In this chapter we will study the layout of pages.

1.1 Some filler text

Hello, here is some text without a meaning. This text should show what a printed text will look like at this place. If you read this text, you will get no information. Really? Is there no information? Is there a difference between this text and some nonsense like “Huardest gefburn”? Kjift – not at all! A blind text like this gives you information about the selected font, how the letters are written and an impression of the look. This text should contain all letters of the alphabet and it should be written in of the original language. There is no need for special content, but the length of words should match the language.

1.2 A lot more filler text

More dummy text will follow.

1.2.1 Plenty of filler text

Hello, here is some text without a meaning. This text should show what a printed text will look like at this place. If you read this text, you will get no information. Really? Is there no information? Is there a difference between this text and some nonsense like “Huardest gefburn”? Kjift – not at all! A blind text like this gives you information about the selected font, how the letters are written and an impression of the look. This text should contain all letters of the alphabet and it should be written in of the original

1

图 3.1 示例页面

加载 babel 包。这个软件包为许多语言提供了排版支持工具，例如为特定语言选择适当的连字符规则，以及为特定术语选择合适的翻译。例如，如果选用 babel 的选项 english，则章节标题为 **Chapter 1**。如果使用选项 french，则标题就会变为 **Chapitre 1**。

美式英语是默认选项。对于英式英语，需要使用 babel 包的选项 british。英美两个选项之间的差异非常小。在英式英语中，某些单词的拼写方式会有不同，连字符的规则也略有差异。

我们还加载了 blindtext 包，目的是生成一些填充文本。这个包使用 babel 检测文档是哪种语言。因为 babel 设定的语言选项为 english，即美式英语。如果没有 babel，blindtext 包将默认使用拉丁文作为填充文本。

\blindtext 命令打印了一些虚拟文本，用于填充文档。

\chapter 命令生成了一个大标题，它总是出现在新一页的开始。

这个示例中再次用到了\section 命令，它是二级标题，生成的标题比\chapter 小。该标题的编号由 LaTeX 自动更新。

最后用\subsection 命令对小节进行细化，然后又填充了一些虚拟文本。

> **Lorem ipsum 填充文本**
>
> 　　除了上面使用的包，另一个包也常用于生成虚拟文本，它的名字是 lipsum，可以生成知名的 *Lorem Ipsum* 文本，常用于排版中的虚拟文本。

接下来将介绍如何修改默认的边距大小。

3.3　定义页边距

出版社可能要求作者遵循规定好的文档规范。除了字体大小、行间距和其他格式，可能还对页边距有一定要求。如果是这样，用户就需要手动修改 LaTeX 的页边距。

geometry 包可以满足这些要求。加载 geometry 包后，用户需要指定所有边距的确切宽度和高度。

（1）使用如下命令，扩展前面示例的序言。

```
\usepackage[a4paper, inner=1.5cm, outer=3cm, top=2cm,
bottom=3cm, bindingoffset=0.5cm]{geometry}
```

（2）单击"排版"按钮，并查看调整后的页边距。

geometry 包调整了页面版式，包括纸张大小、页边距和其他尺寸。示例选择了 A4 纸的大小作为页面，外边距为 3cm，内边距仅为 1.5cm。

> **内边距与外边距**
>
> 　　当一本双面的书平摊在我们面前时，两个内边距会形成一个空白的空间。如果想让书本的左、中、右的三个边距相等，可以将内边距设置为外边距的一半大小。这就是为什么外边距要大于内边距。但是有时候，可能需要让内边距稍微大一些，因为书本在装订时可能占用内边距。这取决于具体装订的方法，可以通过选项 bindingoffset 来设置。

此外，示例将上边距定义为 2cm，将下边距定义为 3cm。最后专门为装订设置了大小为 0.5cm 的余量。

　　在 LaTeX 的早期，直接修改版式尺寸是很常见的。但这样做会带来一些弊端，尤其是在计算长度时很容易出错。例如，左边距、右边距、文字宽度这三者之和可能不适合纸张宽度。

　　这时就需要 geometry 包来发挥作用。它提供了一个舒适的界面来指定版式参数。此外，它还提供自动补全功能，计算缺失值以匹配纸张尺寸，甚至使用启发式方法增加缺失长度以实现良好的版式。

　　geometry 包可以使用"key=value"形式的选项，以逗号进行分隔。如果加载 geometry 包时没传参数，这些参数也可以通过调用\geometry{argument list} 来使用。

　　接下来详细介绍 geometry 包的选项，以控制页面版式的细节。

3.3.1　选择纸张尺寸

　　geometry 包提供了若干选项用于设置纸张尺寸和排列方向。
- ❑　paper=name 用于表示纸张名称，如 paper=a4paper。该软件包支持许多纸张尺寸，如 letterpaper、executivepaper、legalpaper、a0paper、a6paper、b0paper、b6paper 等。
- ❑　paperwidth 和 paperheight 选项用于选择纸张尺寸，如 paperwidth= 7in 和 paperheight=10in。
- ❑　papersize={width,height}用于设置纸张的宽度和高度，该选项需要双参数，如 papersize={7in,10in}。
- ❑　portrait 选项可将纸张切换到纵向模式（这是默认选项），而 landscape 选项可将纸张方向改为横向模式。

　　如果已经在文档类指定了纸张名称，则 geometry 包将继承其中的设置。这条规则具有普适性，即所有文档类中的选项将自动赋予能识别选项的包。

3.3.2　指定文本区域

　　文本区域可以通过以下选项进行调整。
- ❑　textwidth 用于设置文本区域的宽度，如 textwidth=140mm。
- ❑　textheight 用于设置文本区域的高度，如 textheight=180mm。
- ❑　lines 选项通过指定行数来控制文本高度，如 lines=25。

❑ includehead 选项可使页眉包含在正文区域中（该选项默认设置为 false）。

❑ includefoot 选项可使页脚包含在正文区域中（该选项默认设置为 false）。

3.3.3 设置边距

可见的页边距大小可以通过以下选项进行设置。

❑ left 和 right 分别用于设置左边和右边的边距宽度，如 left=2cm，可用其处理单面的文档。

❑ inner 和 outer 分别用于设置内边距和外边距的宽度，如 inner=2cm，可用其处理双面文档。

❑ top 和 bottom 分别用于设置上边距和下边距的高度，如 top=25mm。

❑ twoside 选项可切换到双面模式。这意味着左侧页面（也称背面页）的左右边距将发生调换。

❑ 如果书本印刷后是胶水装订、订书钉装订或用其他方式装订的，装订可能会占用一部分内边距。通过给 bindingoffset 选项设置一个值，可以弥补一部分被占用的内边距，这样内边距的可见宽度就正常了。

以上是一些常用的选项，除此之外还有很多。对于一些选项，用户可以进行直观的选择和设置。例如，usepackage[margin=3cm]{geometry}可使页面的四个边距都是 3cm，纸张尺寸取决于文档中的类选项。

自动填充的工作方式具体如下。

❑ paperwidth = left + width + right。其中，默认情况下，width=textwidth。

❑ paperheight = top + height + bottom。其中，默认情况下，height=textheight。

如果在计算页面版式时想将页边注的空间包括在正文中，则宽度可能会大于 textwidth。如果页面宽度和页面高度公式中，能确定上、下、左、右四个边距，则剩下的文本宽度和高度也就能确定了。即使只指定一个边距，使用默认的边距值，也能确定页面尺寸，具体如下。

❑ top∶bottom = 2∶3。

❑ 对于单面文档，left∶right = 1∶1。

❑ 对于双面文档，inner∶outer = 2∶3。

虽然有点复杂，但 geometry 包通过这样帮助用户自动实现尺寸调整，能节省用户很多精力。此外，geometry 包还提供了内容丰富的手册，可以帮助用户按照功能进一步了解 geometry 包。

正如在第 1 章中看到的，可以通过在命令行（即终端窗口）输入 texdoc geometry 来打开手册，或者通过网页 https://texdoc.org/pkg/geometry 浏览。

至此，我们掌握了如何设置基础的页面尺寸。接下来将学习如何修改文本版式，如排列方向和分栏。

3.3.4　使用类选项

现在已经知道，文档类是文档的基础。它提供了扩展 LaTeX 标准特性的命令和环境。尽管文档类提供了默认样式，但通过文档类选项也可以进行自定义设置。

本节将把第一个示例的文档方向修改为横向，并且把文本排版成双栏。

（1）向示例的 \documentclass 语句中添加选项 landscape 和 twocolumn 如下。

```
\Doc umentClass[a4paper,12pt,landscape,twocolumn]{book}
```

（2）加载 geometry 包。

```
\usepackage{geometry}
```

（3）单击"排版"按钮进行编译，查看页面布局的变化，如图 3.2 所示。

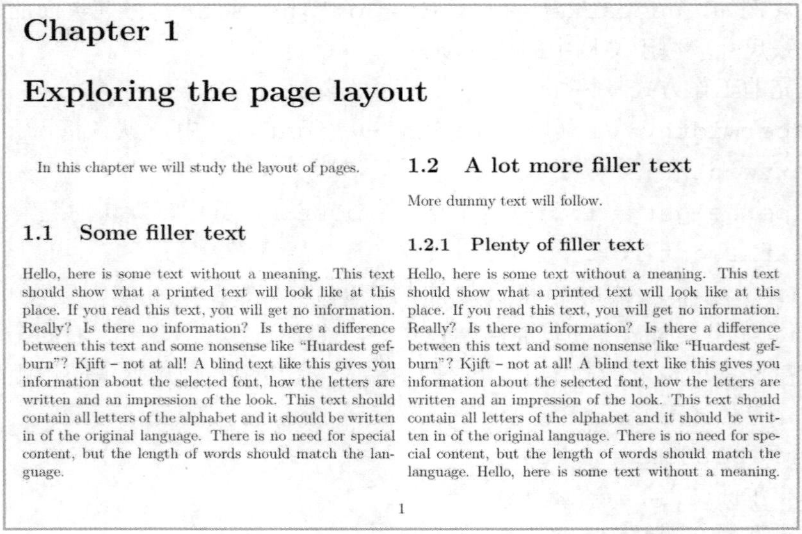

图 3.2　横向双栏页面版式

通过使用 landscape 选项，示例将页面方向从 portrait 切换到 landscape。

通过使用 twocolumn 选项，将正文排版为双栏。

示例加载了 geometry 包，以便在横向模式下获得适当的 PDF 页面大小。如果不用横向模式，PDF 将保持为纵向模式。

命令\twocolumn[opening text]创建了一个双栏页面，文本可以占据整个页面宽度。相应地，\onecolumn 能创建单栏页面。如果希望平衡最后一页上的分栏，或者希望有更多的分栏，可使用 multicols 包。

LaTeX 的基类有 article、book、report、slides 和 letter。顾名思义，letter 可以用来写信，但还有更为合适的类，如 scrlttr2。

slides 可以用来创建演示文稿，但现在有更强大、功能更丰富的类，如 beamer 和 powerdot。

接下来总结基类的选项如下。

❑ a4paper、a5paper、b5paper、letterpaper、legalpaper 或 executivepaper：页面纸张尺寸将根据此选项进行格式化。例如，A4 将被格式化为 210mm × 297mm。信纸选项（8.5 in×11 in）是默认值。加载 geometry 包后可使用更多尺寸。

❑ 10pt、11pt 或 12pt：文档中普通文本的大小；默认值是 10pt。标题、脚注、索引等的文本大小将相应调整。

❑ landscape：切换到横向格式，互换页面的宽度和高度。

❑ onecolumn 或 twocolumn：决定页面是单栏（默认）还是双栏。不支持 letter 类。

❑ oneside 或 twoside：格式化为单面或双面输出。除了 book 类，oneside 是默认选项。twoside 选项不能用于 slides 类和 letter 类。

❑ openright 或 openany：openright 选项可使每一章都从右侧页面开始（这是 book 类的默认值），openany 选项允许每一章从任意页面开始（这是 report 类的默认值）。这两个选项只适用于 book 和 report 类，因为其他类中没有章。

❑ titlepage 或 notitlepage：在使用\maketitle 时，titlepage 选项可使标题单独成页，除了 article 类，这是其他类的默认选项。article 类的默认选项是 notitlepage，正文文本和标题处于同一页。

❑ final 或 draft：如果设置为 draft，则 LaTeX 将用黑框标记多余的行，这样有助于审阅文档。其他一些软件包也支持该功能，但略有不同，如在选用 draft 时省略嵌入的图形和列表。final 选项是默认值。

❑ openbib：当设置此选项时，参考书目将以开放样式而非压缩样式进行格式化。

❑ fleqn：使公式左对齐。

❑   leqno：对于带有编号的公式，将编号放在左侧。默认值为右侧。

许多其他的类也支持以上这些选项，甚至还支持更多选项。对于不常见的基本字体大小，类 extarticle、extbook、extreport 和 extletter 提供 8～20 号的基本字体大小。使用 **KOMA-Script** 类还能创建任意的基本字体大小。和 geometry 包中的 key=value 形式类似，这些包也能以键值对的形式支持更多的选项。

KOMA-Script

可以像基类一样使用 KOMA-Script 类。对于每个基类，都有一个相应的 KOMA 类。这些 KOMA 类对基类进行了丰富的扩展，提供了大量用于自定义的命令和选项。详细使用手册访问 https://texdoc.org/pkg/koma-script。

前文介绍过如何设置页眉，接下来再进一步探索页眉和页脚的设置。

3.4　设计页眉和页脚

当测试示例的第一个版本时，读者可能已经注意到，除了每章的开始页面，所有页面都在页眉中展示了页码、章标题和节标题。因此，在双面版式示例中的第 2 页，它是左侧页面的页眉，页码在外边距，如图 3.3 所示。

2   *CHAPTER 1. EXPLORING THE PAGE LAYOUT*

language. There is no need for special content, but the length of words should match the language. Hello, here is some text without a meaning. This text should show what a printed text will look like at this place. If you read this text, you will get no information. Really? Is there no information? Is there a difference between this text and some nonsense like "Huardest gefburn"?

图 3.3　第 2 页的页眉

图 3.4 展示了第 3 页的右侧页眉，页码同样位于外边距，但处于右侧。

1.2. A LOT MORE FILLER TEXT   3

language. There is no need for special content, but the length of words should match the language. Hello, here is some text without a meaning. This text should show what a printed text will look like at this place. If you read this text, you will get no information. Really? Is there no information? Is there a difference between this text and some nonsense like "Huardest gefburn"?

图 3.4　第 3 页的页眉

在单侧版式中，页眉的位置不存在分别位于左右两侧这样的差异。单侧版式中的页眉如图 3.4 所示。默认情况下，标题在左侧，页码在右侧。

尽管这些标准化的页眉已经非常实用，为了满足多样化的需求，再来看看如何自定义页眉。

页眉中的标题默认是倾斜的，并且字母是大写的。接下来将使用粗体进行替换，并且使用小写字母作为章节标题。开始加载 `fancyhdr` 包，并使用它的命令来实现。

（1）加载本章的第一个示例。

（2）向代码中插入如下加粗的代码内容。

```
\documentclass[a4paper,12pt]{book}
\usepackage[english]{babel}
\usepackage{blindtext}
\usepackage{fancyhdr}
\fancyhf{}
\fancyhead[LE]{\scshape\nouppercase{\leftmark}}
\fancyhead[RO]{\nouppercase{\rightmark}}
\fancyfoot[LE,RO]{\thepage}
\pagestyle{fancy}
\begin{document}
\chapter{Exploring the page layout}
In this chapter we will study the layout of pages.
\section{Some filler text}
\blindtext
\section{A lot more filler text}
More dummy text will follow.
\subsection{Plenty of filler text}
\blindtext[10]
\end{document}
```

（3）编译代码。页码将位于页脚外侧。右侧页面的页眉如图 3.5 所示。

CHAPTER 1.   EXPLORING THE PAGE LAYOUT

language. There is no need for special content, but the length of words should match the language. Hello, here is some text without a meaning. This text should show what a printed text will look like at this place. If you read this text, you will get no information. Really? Is there no information? Is there a difference between this text and some nonsense like "Huardest gefburn"?

图 3.5   第 2 页的新页眉

左侧页面的页眉如图 3.6 所示。

1.2. A lot more filler text

language. There is no need for special content, but the length of words should match the language. Hello, here is some text without a meaning. This text should show what a printed text will look like at this place. If you read this text, you will get no information. Really? Is there no information? Is there a difference between this text and some nonsense like "Huardest gefburn"?

图 3.6　第 3 页的新页眉

加载 fancyhdr 包，该包用于编写命令以自定义页眉和页脚。fancyhdr 包的命令名以\fancy 开头。首先调用\fancyhf{}，清除页眉和页脚。此外，还使用了以下内容。

- ❑　\leftmark：book 类使用这个命令存储章标题和章编号。默认使用大写字母。
- ❑　\rightmark：book 类使用这个命令存储节标题及其编号。默认也使用大写字母。
- ❑　\nouppercase：禁用其参数中（默认）的大写字母。
- ❑　\scshape：切换为小写字母。

使用命令\fancyhead 和可选参数 LE，将章标题放到页眉中。LE 的意思是"偶数页左侧"（left-even，LE），即将章标题放在偶数页的左侧。

相对地，可使用 RO 调用\fancyhead 命令，将节标题放入页眉中。RO 表示"奇数页右侧"，即在奇数页页眉的右侧展示节标题。

之后使用\fancyfoot 命令在页脚显示页码。这里使用了 LE 和 RO，使偶数页和奇数页都显示页码，并且在外侧。然后，用\thepage 命令打印页码。

所有这些命令都是用于修改 fancyhdr 提供的页面格式，这种格式称为 fancy。读者必须使用\pagestyle{fancy}命令指示 LaTeX 使用这种格式。

fancyhdr 默认使用大写字母进行强调。这种方式受到很多质疑，所以我们转而使用小写字母。

页眉和页脚有不同的样式，将其组合起来就形成了页面样式。接下来看看有哪些页面样式可供选择。

3.4.1　理解页面样式

LaTeX 及其基类提供了四种页面样式。

- ❑　empty：既不显示页眉也不显示页脚。
- ❑　plain：无页眉，页码打印在页脚并居中。
- ❑　headings：页眉包含章标题、节标题、各小节标题，取决于类及页码。页脚为空。
- ❑　myheadings：页眉包含用户定义的文本和页码，页脚为空。

fancyhdr 新增了一个名为 fancy 的页面样式，可使用户定制页眉和页脚。

可以用如下两个命令选择页面样式。

- ❑　\pagestyle{name}：从当前位置切换页面样式。
- ❑　\thispagestyle{name}：只为当前页面选择页面样式，其后的页面样式不变。

可以看到，章首页的页面样式与普通页面的样式不同，章首页通常没有页眉。此时，可为章首页使用\thispagestyle。

下一节将介绍如何修改页眉和页脚中的文字和位置。

3.4.2　自定义页眉和页脚

首先将页眉和页脚分成六个部分，即页眉的左、中、右（l、c、r）和页脚的左、中、右（l、c、r）。对应这些区域的命令具体如下。

- ❑　页眉：\lhead、\chead、\rhead。
- ❑　页脚：\lfoot、\cfoot、\rfoot。

所有这些命令都需要一个强制性参数，如\chead{User's guide}或\foot{thepage}。参数内容将放置到相应区域。

或者还可以使用如下命令。

- ❑　对于页眉：\fancyhead[code]{text}。
- ❑　对于页脚：\fancyfoot[code]{text}。

其中的 code 可由一个或多个字母组成。

- ❑　L：左边。
- ❑　C：中心。
- ❑　R：右边。
- ❑　E：偶数页。
- ❑　O：奇数页。

这里使用大写或小写字母都可以。我们在示例中就使用了这种组合。

文本和页脚之间的分隔线也可以进行自定义，下一节进行讲解。

3.4.3　在页眉或页脚中使用装饰线

可以通过以下两个命令分别在页眉和正文之间、正文和页脚之间引入或删除装饰线。

❑　\renewcommand{headrulewidth}{width}。

❑　\reewcommand{footrulewidth}{width}。

其中，width 是一个值，如 1pt、0.5mm 等。默认情况下，页眉装饰线的宽度为 0.4pt，页脚装饰线的宽度为 0pt。0pt 表示装饰线不可见。

\newcommand 定义了一个新命令，\renewcommand 重新定义一个已有的命令。很多 LaTeX 的命令都可以用这种方式重新定义。可以是简单地修改值，也可以重新定义命令的代码。

3.4.4　修改 LaTeX 的页眉标记

当调用\chapter、\section 或\subsection 时，LaTeX 的类和包会自动将章节编号和标题存储在宏\leftmark 和\rightmark 中。因此，可以直接在 fancyhdr 命令的参数中使用\leftmark 和\rightmark。

但是，即使有这些自动实现的方法，有时还是需要手动进行设置。例如，加星的小节命令，如\chapter*和\section*不会生成页眉。在这种情况下，可以使用以下两个命令解决这个问题。

❑　使用\markright{right head}设置右页眉。

❑　使用\markboth{left head}{right head}同时设置左、右页眉。

默认的 headings 样式很容易使用，并且效果不错。myheadings 可以与\markright 及\markboth 同时使用。然而，最灵活的方式是使用 fancyhdr，特别是与\markright 和\markboth 结合使用。

除了 fancyhdr，另一个软件包 scrpage-scrlayer 也非常好用。虽然它属于 KOMA-Script，但也可以与其他类一起使用。它能提供相似的功能和更多的特性。

在页脚中也可以添加注释。下一节将讲解如何添加脚注。

3.5　使用脚注

在第 2 章中简要地介绍过脚注。这一节详细介绍如何使用 LaTeX 的命令对脚注进行排版。

回到本章的第一个示例。首先在正文中插入一个脚注，在小节标题中也插入一个脚注。

（1）修改示例，插入的脚注即加粗代码。

```
\documentclass[a4paper,12pt]{book}
\usepackage[english]{babel}
\usepackage{blindtext}
\begin{document}
\chapter{Exploring the page layout}
In this chapter we will study the layout of pages.
\section{Some filler text}
\blindtext
\section{A lot more filler text}
More dummy text\footnote{serving as a placeholder}
will follow.
\subsection{Plenty of filler text}
\blindtext[10]
\end{document}
```

（2）编译代码，查看效果，如图 3.7 所示。

1.2　A lot more filler text

More dummy text[1] will follow.

1.2.1　Plenty of filler text

Hello, here is some text without a meaning. This text should show what a printed text will look like at this place. If you read this text, you will get no information. Really? Is there no information? Is there a difference between this text and some nonsense like "Huardest gefburn"? Kjift – not at all! A blind text like this gives you information about the selected font,

---
[1]serving as a placeholder

图 3.7　为正文插入脚注

\footnote{text}命令在当前位置放置了一个上标数字。

此外，它还将参数中的文本在页面底部打印出来，并以相同的数字进行标记。可以看到，脚注和正文之间通过一条水平线进行分隔。

\footnote[number]{text}生成了一条脚注，并由命令中的可选整数进行标记。如果没有给出这个可选数字，脚注命令中的内部计数器会自动进行计数。

还有两个命令，可以用于只添加脚注标记或文本。

❑　\footnoteMark[number]在文本中生成一个上标数字作为脚注标记。如果没有给出可选参数，就会使用命令的内部计数器。这条命令不会生成任何脚注文本。

❑　\footnotetext[number]{text}可以只生成脚注文本，而不在文本中添加脚注标记，并且不会计入内部计数器。

在相关文本后设置脚注命令，不要在文本和脚注命令间留空格。否则，文本和脚注标记之间会有空隙。

在图 3.7 中，可以看到有一条线将脚注和正文分开。接下来学习如何调整这条线。

3.5.1　修改脚注线

将脚注与正文分开的线是由\footnoterule 命令生成的。如果想省略这条线或对其进行修改，必须重新定义命令。之前学习了\renewcommand，这里还是使用它。

接下来使用\renewcommand 命令覆盖默认的\footnoterule 命令。

（1）还是以前面的示例进行讲解，在序言中添加以下代码。

```
\renewcommand{\footnoterule}
{\noindent\smash{\rule[3pt]{\textwidth}{0.4pt}}}
```

（2）单击"排版"按钮进行编译，并查看页面的变化，如图 3.8 所示。

1.2　A lot more filler text

More dummy text[1] will follow.

1.2.1　Plenty of filler text

Hello, here is some text without a meaning. This text should show what a printed text will look like at this place. If you read this text, you will get no information. Really? Is there no information? Is there a difference between this text and some nonsense like "Huardest gefburn"? Kjift – not at all! A blind text like this gives you information about the selected font,

[1]serving as a placeholder

图 3.8　修改后的脚注线

现 有 的 \footnoterule 命 令 将 被 第 一 步 第 二 行 中 新 编 写 的 命 令 取 代。\rule[raising]{width}{height}命令绘制了一条 **0.4 pt** 粗的线，宽度和正文一致，并且稍微抬高了 3 **pt**。通过\smash 命令，让脚注线的高度和深度为零，使其不占用垂直空间。这样，页面版式就不会受到影响。\smash 命令的作用和\noindent 很像，后者用于删除段落缩进。

如果想完全省略脚注线，只需使用如下代码。

```
\renewcommand{\footnoterule}{}
```

如此一来，就不会有脚注分隔线。

3.5.2 使用包扩展脚注样式

脚注具有不同的样式。有些脚注需要在每页都进行编号，有些则是作为尾注，并且使用符号而非数字进行编号。因为存在多种样式，所以人们开发了几款强大的软件包来满足这些需求。下面是一些精选出来的软件包。

- ❑ endnotes：在文档末尾放置脚注。
- ❑ manyfoot：允许嵌套脚注。
- ❑ bigfoot：替换并扩展了 manyfoot，并改进了脚注的分页处理。
- ❑ savefnmark：当需要多次使用脚注时，可使用这个命令。
- ❑ footmisc：一个全能的包。可为每页进行编号；当使用多个短脚注时，能够节省空间；使用符号代替数字作为脚注标记；提供了悬挂缩进和其他样式。

可以使用第 1 章中介绍的 texdoc 命令，或在网站 https://texdoc.org 中查看相应软件包的文档。

现在已经讨论了脚注，接下来学习如何手动分页。

3.6 分　　页

正如示例所示，LaTeX 本身具有自动分页功能。但在某些情况下，可能想手动插入分页符。LaTeX 提供了若干实现分页的命令，分页时可以有留白，也可以没有留白。

回到示例的第一个版本，手动在 1.2.1 小节之前插入分页符。

（1）将加粗代码插入示例中，即 \pagebreak 命令。

```
\documentclass[a4paper,12pt]{book}
\usepackage[english]{babel}
\usepackage{blindtext}
\begin{document}
\chapter{Exploring the page layout}
In this chapter we will study the layout of pages.
\section{Some filler text}
\blindtext
\section{A lot more filler text}
More dummy text will follow.
\pagebreak
\subsection{Plenty of filler text}
\blindtext[10]
\end{document}
```

（2）编译代码并查看结果，如图 3.9 所示。

（3）将\pagebreak 替换为\newpage。

（4）再次编译，并比较输出，如图 3.10 所示。

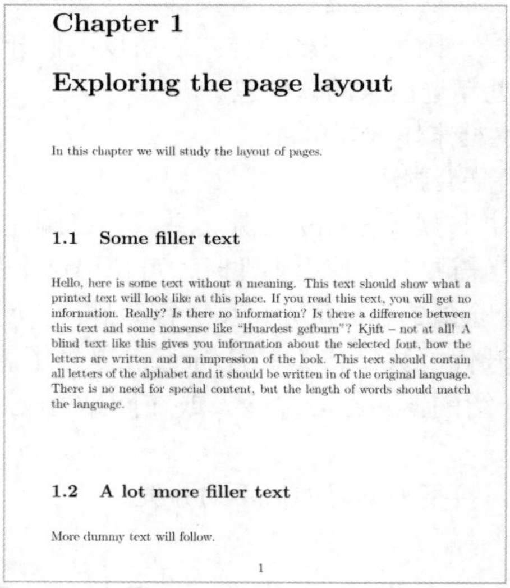

图 3.9　分页后经过拉伸的页面

图 3.10　没有经过拉伸的页面

　　首先，插入\pagebreak 命令进行分页。这一页的文本经过拉伸填充到整个页面。这样操作后，可使所有页面的文本具有相同的高度。

　　但是这样会导致段落和标题之间有明显的空白，因此将\pagebreak 替换为\newpage。该命令也是进行分页，但不会拉伸文本，页面的剩余空间将留白。

　　因此，\pagebreak 的作用与\linebreak 类似，而\newpage 的作用与\newline 类似。另外，还有一个类似于\nolinebreak 的命令\nopagebreak，用于禁止分页。\pagebreak 和\nopagebreak 都不会断行，这两个命令都是在当前行的末尾起作用。当然，在段落之间使用这两个命令时会立即产生效果。

　　如果使用双栏格式，那么无论是\pagebreak 还是\newpage，都将在新的一栏而不是新的一页开始。

　　还有两个变体，即\clearpage 和\cleardoublepage。\clearpage 的工作方式与\newpage 类似，只是它将在一个新的页面上开始，甚至在双栏模式下。\cleardoublepage 的作用与此相同，但会使下面的文字从右侧页面开始，必要时插入一个空白页。后者对双面文档很有用。

　　更重要的是，这两个命令会使 LaTeX 内存中的所有数字和表格立即打印出来。

　　\pagebreak 和\nopagebreak 可以接收一个可选参数，以进行换行。该参数是 0～4 之间的整数，0 表示允许分页，1 表示希望分页，2 和 3 表示更强烈的分页请求，让 LaTeX 更努力地拉伸文本以达到页面底部，4 表示强制分页。\pagebreak 和\nopagebreak 与第 2 章中介绍的命令对\linebreak 和\nolinebreak 非常相似。

　　这种手动分页的方式会减少页面上适配的文本数量。接下来看看相反的情况，如何在页面上增加文本。

3.7　扩 展 页 面

　　在某些情况下，我们可能想在页面上多放入一些文字，即使这样会压缩字间距，或使文本高度增加。此时，可使用\enlargethispage 命令。

　　对示例稍作修改。为了避免出现空白页，本节将压缩前一页的文字。

　　（1）删除示例中的\newpage 命令，将字号调整为 11pt，并在小节中加入较少填充文字。

```
\documentclass[a4paper,11pt]{book}
\usepackage[english]{babel}
\usepackage{blindtext}
```

```
\usepackage[a4paper, inner=1.5cm, outer=3cm, top=2cm,
bottom=3cm, bindingoffset=1cm]{geometry}
\begin{document}
\chapter{Exploring the page layout}
In this chapter we will study the layout of pages.
\section{Some filler text}
\blindtext
\section{A lot more filler text}
More dummy text will follow.
\subsection{Plenty of filler text}
\blindtext[3]
\end{document}
```

（2）编译，结果将由两页组成。图 3.11 展示的是第一页。

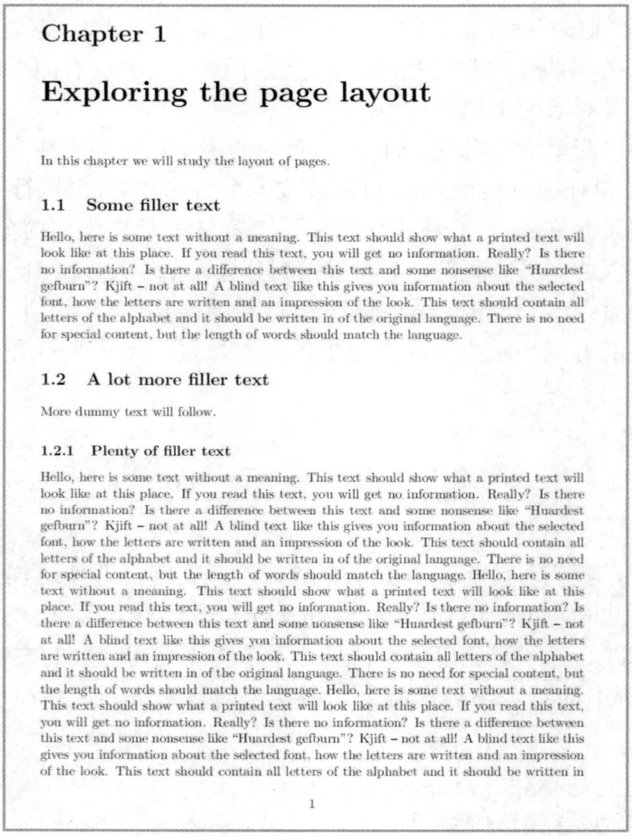

图 3.11　一个完全填充的页面

第二页的文字如图 3.12 所示。

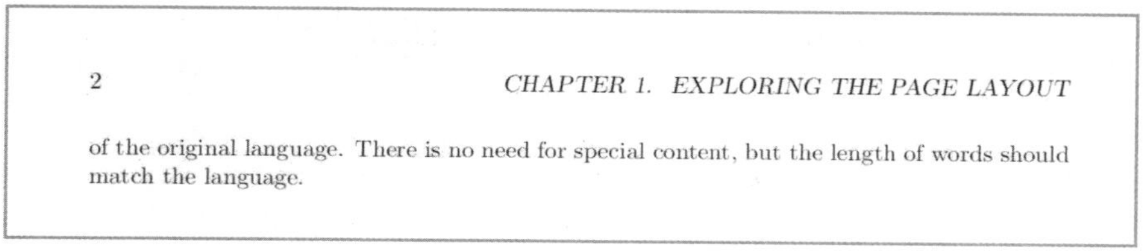

2　　　　　　　　　　　　　　　　　*CHAPTER 1. EXPLORING THE PAGE LAYOUT*

of the original language. There is no need for special content, but the length of words should match the language.

图 3.12　第二页上的剩余文本

（3）在 \subsection 之后插入如下命令。

```
\enlargethispage{baselineskip}
```

（4）再次编译，现在只得到一页，如图 3.13 所示。

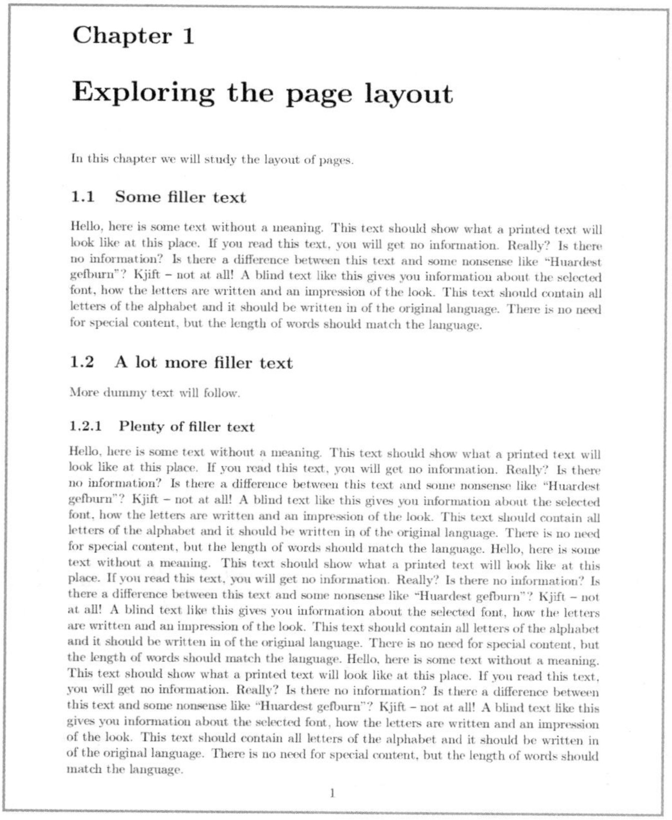

Chapter 1

Exploring the page layout

In this chapter we will study the layout of pages.

1.1　Some filler text

Hello, here is some text without a meaning. This text should show what a printed text will look like at this place. If you read this text, you will get no information. Really? Is there no information? Is there a difference between this text and some nonsense like "Huardest gefburn"? Kjift – not at all! A blind text like this gives you information about the selected font, how the letters are written and an impression of the look. This text should contain all letters of the alphabet and it should be written in of the original language. There is no need for special content, but the length of words should match the language.

1.2　A lot more filler text

More dummy text will follow.

1.2.1　Plenty of filler text

Hello, here is some text without a meaning. This text should show what a printed text will look like at this place. If you read this text, you will get no information. Really? Is there no information? Is there a difference between this text and some nonsense like "Huardest gefburn"? Kjift – not at all! A blind text like this gives you information about the selected font, how the letters are written and an impression of the look. This text should contain all letters of the alphabet and it should be written in of the original language. There is no need for special content, but the length of words should match the language. Hello, here is some text without a meaning. This text should show what a printed text will look like at this place. If you read this text, you will get no information. Really? Is there no information? Is there a difference between this text and some nonsense like "Huardest gefburn"? Kjift – not at all! A blind text like this gives you information about the selected font, how the letters are written and an impression of the look. This text should contain all letters of the alphabet and it should be written in of the original language. There is no need for special content, but the length of words should match the language. Hello, here is some text without a meaning. This text should show what a printed text will look like at this place. If you read this text, you will get no information. Really? Is there no information? Is there a difference between this text and some nonsense like "Huardest gefburn"? Kjift – not at all! A blind text like this gives you information about the selected font, how the letters are written and an impression of the look. This text should contain all letters of the alphabet and it should be written in of the original language. There is no need for special content, but the length of words should match the language.

1

图 3.13　经过压缩后所有文字都适配在同一页面上

示例使用\enlargethispage 命令将更多文本压缩到同一页面上,该命令需要一个高度参数。\Baselineskip 命令可返回文本行的高度,就用它作为\enlargethispage 的参数。因为 LaTeX 压缩了留白空间,LaTeX 可以在页面上多放一行,甚至连尾行也能放入。

用乘数对高度进行翻倍,如用\enlargethispage{2\baselineskip}在页面上获得两行。并且,高度参数不必是整数,也可以使用其他单位,如 10 pt、0.5 in、1 cm或 5 mm,甚至是负值。

只有当前页会受到该命令影响。此外,还有一个加星的版本,即\enlargethispage*,它能将页面上的所有垂直空间压缩到最小值。

不过,当需要在单个页面上添加更多文本时,应该只是将\enlargethispage 当作补救方法。一般,可以通过改变页边距来调整页面上的文本数量,或通过调整行间距来调整。下一节学习如何调整行间距。

3.8　调整行间距

如果文字的行间没有一定空间,书本的可读性就会受到影响。行间距有助于引导视线,提高可读性。LaTeX 能自动调整行间距,但用户可能需要对行间距另行设置。

修改本章的第一个示例,使行间距增加半行高。

(1)使用以下命令扩展示例的序言。

```
\usepackage[onehalfspacing]{setspace}
```

(2)编译代码,查看修改后的效果,如图 3.14 所示。

这里加载了 setspace 包来调整行间距,并提供了选项 onehalfspacing,这个选项为整篇文档的间距增加了半行高。

setspace 包可使用以下三个选项。

❑ singlespacing 是默认选项,只能插入单倍行距。LaTex 默认使用单倍行距进行排版,行间距约为行高的 20%。

❑ onehalfspacing 表示 1.5 倍行距。

❑ doublespacing 表示 2 倍行距,用于更大的行间距。

在排版术语中,连续文本行基线之间的距离称为前导(leading)。

现在已经完成了整篇文档的设计,最后添加目录。

Chapter 1

Exploring the page layout

In this chapter we will study the layout of pages.

1.1 Some filler text

Hello, here is some text without a meaning. This text should show what a printed text will look like at this place. If you read this text, you will get no information. Really? Is there no information? Is there a difference between this text and some nonsense like "Huardest gefburn"? Kjift – not at all! A blind text like this gives you information about the selected font, how the letters are written and an impression of the look. This text should contain all letters of the alphabet and it should be written in of the original language. There is no need for special content, but the length of words should match the language.

1.2 A lot more filler text

More dummy text will follow.

1.2.1 Plenty of filler text

Hello, here is some text without a meaning. This text should show what a printed text will look like at this place. If you read this text, you will get no information. Really? Is there no information? Is there a difference between this text and some nonsense like "Huardest gefburn"? Kjift – not at all! A blind text like this gives you information about the selected font, how the letters are written and an impression of the look. This text should contain all letters of the alphabet and it should be written in of the original language. There is no need for special content, but the length of words should match the language. Hello, here is some text without a meaning. This text should show what a printed text will look like at this place. If you read this text, you will get no information. Really? Is there no information? Is there a difference between this text and some nonsense like "Huardest gefburn"? Kjift – not at all! A blind text like this gives you information about the selected font, how the letters are written and an impression of the look. This text should contain all letters of the alphabet and it should be written in of the original language. There is no need for special content, but the length of words should match the language. Hello, here is some text without a meaning.

1

图 3.14 增加行间距

3.9 创 建 目 录

图书通常以目录作为起始，接下来根据标题创建目录，步骤如下。

（1）在上一篇文档中，删除选项 landscape 和 twocolumn。

（2）移除 setspace 包，即删除这一行。

```
\usepackage[onehalfspacing]{setspace}
```

（3）在\begin{document}后添加\tableofcontents 命令，代码如下。

```
\documentclass[a4paper,12pt]{book}
\usepackage[english]{babel}
\usepackage{blindtext}
\usepackage[a4paper, inner=1.5cm, outer=3cm, top=2cm,
bottom=3cm, bindingoffset=1cm]{geometry}
\begin{document}
\tableofcontents
\chapter{Exploring the page layout}
In this chapter we will study the layout of pages.
\section{Some filler text}
\blindtext
\section{A lot more filler text}
More dummy text will follow.
\subsection{Plenty of filler text}
\blindtext[10]
\end{document}
```

（4）编译代码两次。之后，第一页将包含以下目录，如图 3.15 所示。

Contents

图 3.15　目录

\tableofcontents 命令指示 LaTeX 生成并打印目录。在排版过程中，LaTeX 将标题写入一个扩展名为.toc 的辅助文档中。\tableofcontents 命令读取.toc 文档用于打印目录。

LaTex 的排版过程是线性的，即从头到尾运行所有代码。\tableofcontents 命令出现在开头，标题紧随其后。这就是为什么必须做两次排版。

（1）在第一次排版中，\tableofcontents 并不清楚有什么标题，目录为空。在排版过程中，LaTeX 将标题放入.toc 文档。

（2）在第二次排版中，\tableofcontents 找到并读取.toc 文档的内容，并打印出目录。

　　所以一定要注意，如果修改了标题并编译了文档，只能看到标题在文本中发生了变动。只有在下一次编译后，目录才会改变。

　　目录条目是由分节命令创建的，包括\chapter、\section 和\subsection，每个命令都具有条目。

　　有的标题可能非常长，甚至占用两行或多行。在这种情况下，可能需要缩短其相应的目录条目。

　　可以使用\section 命令的可选参数缩短并修改条目。编辑图 3.15 所示的示例，在中括号中插入更短的标题。

```
\chapter[Page layout]{Exploring the page layout}
\section[Filler text]{Some filler text}
\section[More]{A lot more filler text}
\subsection[Plenty]{Plenty of filler text}
```

将此示例编译两次。可以看到标题保持不变，但目录发生了改变，如图 3.16 所示。

Contents

图 3.16　缩短后的条目

　　除了生成标题的强制性参数，每条\section 命令都能接收一个可选参数。如果给出了可选参数，可选参数就能修改强制性标题。

　　在第 8 章中，我们将进一步研究这个问题，并学习如何进一步定制目录。接下来看一下\section 中的 book、report、article。这些基础类中有以下七个级别。

- ❏　\part：将文档划分为几个主体，独立于其他章节编号。在 book 和 report 文档中，篇标题将占用一整页。
- ❏　\chapter：给出一个大标题，从新页开始，可用于 book 和 report 类。
- ❏　\section、\subsection 和\subsubsection：能给出粗体标题，在 book、report、article 三个类别中都可用。
- ❏　\paragraph 和\subparagraph：也可用于所有三个类别，它们可生成贯穿式标题，即标题和文本相连，标题和文本之间没有换行。另外，这是一个\section 命令，不应与普通文本段落混淆。

除了 \part，所有分段命令都会重置层次结构中下一级的分段计数器。例如，\chapter 就会重置章节计数器。这样各章节将按章节编号。

总而言之，分段命令的功能十分强大。

- ❑　\part 和 \chapter 在标题前会生成分页。
- ❑　所有命令都会生成一个编号和相应的介绍，有些命令取决于上一级的计数器（例如，第 2 章的第一节会生成编号 2.1）。
- ❑　除了 \part，其余命令会重置下一级分段单位的计数器，这样下一级就会从 1 开始。
- ❑　所有命令都能生成目录条目。
- ❑　所有命令都使用标题格式，通常为黑体字，字体越大，层级就越高。
- ❑　命令在内部保存标题，以用于生成页眉。

所有分段命令都提供了加星形式，示例如下。

```
\section*{title}
```

如果使用这种形式，则不会出现编号，在目录或页眉中也不会有条目，如示例中的标题目录。实际上，这是由 \tableofcontents 宏中的 \chapter* 进行排版的。

3.10　总　　结

在本章中，我们学习了如何对文档的整体版式进行设计。

具体而言，我们学习了选择页面尺寸、边距和方向。我们知道了如何切换到双栏版式，以及如何调整行间距。此外，我们现在可以自定义页眉和页脚，添加脚注，并为文档添加目录。

此外，本章还涵盖了一些常见主题，如通过选择文档类选项和包选项以及重新定义现有命令来修改文档属性。

接下来，要进一步学习处理文本结构。在下一章中，我们将学习如何创建列表，以更易阅读的方式呈现文本。

第 4 章　创 建 列 表

以列表的形式排版文本可以方便读者阅读。用户可以在清晰的结构中提出关键点，以便于查询。通常情况下，以下三种类型的列表最常用。

- ❑　无序列表，以强调文中的要点。
- ❑　枚举式列表，按顺序呈现要点。
- ❑　定义列表，以结构化的方式解释要点。

在本章中，我们将学习如何创建以上列表，这一章将涵盖以下内容。

- ❑　创建列表。
- ❑　自定义列表。

首先，我们将学习如何创建列表，然后介绍如何自定义列表。

4.1　技 术 要 求

读者需要在计算机上安装 LaTeX，或者使用 Overleaf，也可以在本书的网页上在线运行所有的示例，地址是 `https://latexguide.org/chapter-04`。

本章代码可从 **GitHub** 获取，地址是 `https://github.com/PacktPublishing/LaTeX-Beginner-s-Guide-2nd-Edition-/tree/main/Chapter_04_-_Creating_Lists`。

在本章中将使用的 LaTeX 软件包有 `enumitem`、`layouts` 和 `paralist`。

4.2　创 建 列 表

我们将从无序列表开始，无序列表由黑色圆点和文本构成。在本节后面，我们将处理由数字或字符构成的有序列表，然后介绍解释关键词和事实的列表。

4.2.1　创建无序列表

我们从最简单的无序列表开始，它只包含非数字的项目符号。每个项目符号都有一个黑色圆点。使用无序列表，相较于阅读长句，用户能以更易读的方式组织关键点。

现在创建在前一章学习过的包的列表。遵循以下步骤创建无序列表。

（1）创建一个新的文档，其中包含一些介绍性文本，代码如下。

```
\documentclass{article}
\begin{document}
\section*{Useful packages}
LaTeX provides several packages for designing the
layout:
```

（2）然后，使用 itemize 环境和\item 命令创建列表。

```
\begin{itemize}
\item geometry
\item typearea
\item fancyhdr
\item scrpage-scrlayer
\item setspace
\end{itemize}
```

（3）结束文档。

```
\end{document}
```

（4）单击“排版”按钮，查看输出，如图 4.1 所示。

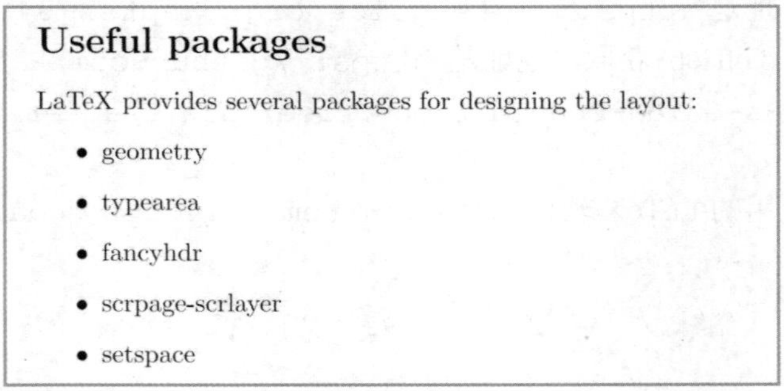

Useful packages

LaTeX provides several packages for designing the layout:

- geometry
- typearea
- fancyhdr
- scrpage-scrlayer
- setspace

图 4.1　无序列表

示例首先加入标题，然后加入一些文字。为了创建列表，我们使用 itemize 环境。正如在第 2 章中学过的，使用\begin{itemize}启动环境，使用\end{itemize}结束环境。\item 命令指示 LaTeX 向列表中添加新项目。\item 仅在列表中有效。每个项目都可以包含任意长度的文本，也可以对段落分段。

当列表变长时，可以通过划分列表使其更加清晰。可以在列表下创建子列表。建议使用不同的项目符，以方便区分列表级别。LaTeX 会自动选择项目符。

接下来通过引入主题类别来细化前一个示例中的列表。遵循以下步骤。

（1）以如下方式改进示例中的项目环境：为每个主题制定一个 `itemize` 列表，并使其成为\item 项的一部分。前面示例第 2 步的列表代码修改如下。

```
\begin{itemize}
    \item Page layout
        \begin{itemize}
            \item geometry
            \item typearea
            \end{itemize}
    \item Headers and footers
        \begin{itemize}
            \item fancyhdr
            \item scrpage-scrlayer
        \end{itemize}
    \item Line spacing
        \begin{itemize}
            \item setspace
        \end{itemize}
\end{itemize}
```

注意，此外关闭了每个环境。

（2）编译该文档，查看新列表，如图 4.2 所示。

示例将列表嵌入了列表内部，形成了嵌套列表。嵌套列表最多可以有四个层级，超过四个层级 LaTeX 会暂停程序并打印错误信息"**!LaTeX Error: Too deeply nested**"。正如在示例中看到的，列表第一级的标志是圆点，第二级的标志是破折号，第三级的项目是星号*，第四级的符号是小圆点。

嵌套列表很少使用，这种复杂结构的可读性不好。在这种情况下，最好修改文本结构或拆分列表。

在示例源代码中，我们对 `itemize` 环境的每行做了缩进。因此，如果在 `itemize` 环境中还有另一个 `itemize` 环境，则\item 行的缩进程度会更大，这样就可以明确处于哪一级的嵌套环境中。也可以不做缩进，但在环境中适当的缩进有助于维护代码结构，因为一眼就能看到环境在哪里开始、哪里结束。在环境中缩进源代码行是一个非常好的习惯。也可以缩进代码行，表示代码的从属关系，就像示例中的\item 行。

- Page layout
  - geometry
  - typearea
- Headers and footers
  - fancyhdr
  - scrpage-scrlayer
- Line spacing
  - setspace

图 4.2　一个有两级的无序列表

> **通过缩进设置代码结构**
>
> 　　使用空格或制表符缩进源代码可以极大地提高代码的可读性。这样不会影响输出，因为 LaTeX 将代码行中的多个空白字符视为单个空白字符。

　　在下一节中，我们将学习如何以特定的顺序列出关键点并对其进行编号。

4.2.2　创建有序列表

　　如果项目的顺序并不重要，无序列表是很适合的。然而，如果需要按顺序列出，可以通过给项目编号并创建有序列表。

　　通过分步教程设计使用具有编号列表的页面版式，步骤如下。

　　（1）打开一个新文档，并输入以下代码。

```
\documentclass{article}
\begin{document}
\begin{enumerate}
    \item State the paper size by an option to the document class
    \item Determine the margin dimensions using one of these packages:
        \begin{itemize}
            \item geometry
            \item typearea
        \end{itemize}
    \item Customize header and footer by one of these packages:
        \begin{itemize}
            \item fancyhdr
            \item scrpage-scrlayer
        \end{itemize}
    \item Adjust the line spacing for the whole document
        \begin{itemize}
            \item by using the setspace package
            \item or by the command
                \verb|\linespread{factor}|
        \end{itemize}
\end{enumerate}
\end{document}
```

　　（2）单击"排版"按钮，并查看输出，如图 4.3 所示。

```
1. State the paper size by an option to the document class

2. Determine the margin dimensions using one of these packages:

   • geometry
   • typearea

3. Customize header and footer by one of these packages:

   • fancyhdr
   • scrpage-scrlayer

4. Adjust the line spacing for the whole document

   • by using the setspace package
   • or by the command \linespread{factor}
```

图 4.3 带有圆点的编号列表

在加粗的代码行中引入了 enumerate 环境。除了名称不同，enumerate 环境与 itemize 环境一样，每个列表项都由\item 命令引入。不同的是，在 enumerate 环境中，每一行都有编号，而不是只在前面有一个圆点。示例再次嵌套了两个列表，不过列表是不同类型的。混合嵌套可以超过四级，但每种类型列表的最大限度是四级。一般来说，混合列表有六级。

enumerate 环境的默认编号方案如下。

❑ 第一级："1."、"2."、"3."、"4."、…
❑ 第二级：（a）、（b）、（c）、（d）、…
❑ 第三级："i."、"ii."、"iii."、"iiii."、…
❑ 第四级："A."、"B."、"C."、"D."、…

\item 可以有一个可选参数。如果使用\item[text]，LaTeX 就会打印 text，而不是数字或圆点。这样，可以使用任何编号和任何符号的项目符。

现在已经知道了如何用圆点和枚举列表创建列表，接下来看看可以呈现几个项目描述的定义列表类型。

4.2.3 创建定义列表

本小节将继续讨论第三种列表，即定义列表，也称为描述列表，其中每个列表项都由一个术语或短语组成，后面是其描述。

为了创建示例需要准备一些短语。如同本章的第一个示例，我们将创建一个软件包列表，这次将增加对每个包的描述。从 https://ctan.org/topic/list 选择一些软件包，这是为下一节做准备的，在下一节中我们还会使用这些软件包。

为每个软件包写一个简短的概述，以说明其功能，步骤如下。

（1）使用 description 环境，使用以下代码创建文档。

```
\documentclass{article}
\begin{document}
\begin{description}
   \item[paralist] provides compact lists and list
   versions that can be used within paragraphs,
   helps to customize labels and layout.
   \item[enumitem] gives control over labels
   and lengths in all kind of lists.
   \item[mdwlist] is useful to customize description
   lists, it even allows multi-line labels.
   It features compact lists and the capability
   to suspend and resume.
   \item[desclist] offers more flexibility in
   definition list.
   \item[multenum] produces vertical enumeration in
   multiple columns.
\end{description}
\end{document}
```

（2）单击"排版"按钮，查看输出，如图 4.4 所示。

paralist provides compact lists and list versions that can be used within paragraphs, helps to customize labels and layout.

enumitem gives control over labels and lenghts in all kind of lists.

mdwlist is useful to customize description lists, it even allows multi-line labels. It features compact lists and the capability to suspend and resume.

desclist offers more flexibility in definition list.

multenum produces vertical enumeration in multiple columns.

图 4.4　定义列表

和其他列表一样，本示例同样使用了 description 环境，不同的是使用了\item 的中括号可选参数。在 description 环境中，\item 将以粗体排版。

如果把它和无序列表进行比较，表示项目的圆点被粗体关键词取代。

还可以修改列表的间距、项目符号类型和编号样式，在下一节中进行讨论。

4.3　自定义列表

对于间距、缩进和符号，列表都有一套默认外观。但是，用户可能需要修改编号、项目符号、行间距或缩进。一些软件包能帮助我们修改间距、定制符号。接下来从修改间距开始。

4.3.1　创建紧凑列表

由于 LaTeX 的列表比较宽松，所以经常要减少列表中的间距。

删除列表项周围和整个列表前后的空白可以缩小列表间距。步骤如下。

（1）在图 4.3 的枚举列表示例中，添加 paralist 包，并用 compactenum 替换 enumerate，用 compactitem 替换 itemize。

```
\documentclass{article}
\usepackage{paralist}
\begin{document}
\begin{compactenum}
   \item State the paper size by an option to the document class
   \item Determine the margin dimensions using one of these packages:
   \begin{compactitem}
      \item geometry
      \item typearea
   \end{compactitem}
   \item Customize header and footer by one of these packages:
   \begin{compactitem}
      \item fancyhdr
      \item scrpage-scrlayer
   \end{compactitem}
   \item Adjust the line spacing for the whole document
   \begin{compactitem}
      \item by using the setspace package
      \item or by the command \verb|\linespread{factor}|
   \end{compactitem}
\end{compactenum}
\end{document}
```

（2）编译并比较间距，如图 4.5 所示。

```
1. State the paper size by an option to the document class
2. Determine the margin dimensions using one of these packages:
     • geometry
     • typearea
3. Customize header and footer by one of these packages:
     • fancyhdr
     • scrpage-scrlayer
4. Adjust the line spacing for the whole document
     • by using the setspace package
     • or by the command \linespread{factor}
```

图 4.5　紧凑列表

（3）现在为加粗的 `setspace` 列表项增加间距，具体如下。

```
\item by using the setspace package and one of its options:
  \begin{inparaenum}
     \item singlespacing
     \item onehalfspacing
     \item double spacing
  \end{inparaenum}
```

（4）编译并查看行间距的变化，如图 4.6 所示。

```
1. State the paper size by an option to the document class
2. Determine the margin dimensions using one of these packages:
     • geometry
     • typearea
3. Customize header and footer by one of these packages:
     • fancyhdr
     • scrpage-scrlayer
4. Adjust the line spacing for the whole document
     • by using the setspace package and one of its options: (a) singlespacing
       (b) onehalfspacing (c) double spacing
     • or by the command \linespread{factor}
```

图 4.6　段落中的列表

　　`paralist` 包提供了几个新的列表环境，可以在段落内创建列表或以紧凑的外观排版。加载这个包，并用紧凑的环境命令替换标准环境，用 `compactenum` 替换 `enumerate`，用 `compactitem` 替换 `itemize`。其他语法相同，但新环境不会在列表前后产生多余的垂直间距，也不会在列表项周围添加垂直间距。列表和项目的行间距与常规文本相同。最后，列表就变紧凑了，也节省了空间。在第（3）步中，我们使用了新的 `inparaenum` 环境，其中使用编号项目，但保持在同一段中。

对于每个标准环境，paralist 都添加了三个相应的环境。

对于无序列表，paralist 添加了以下内容。

❑ compactitem: itemize 环境的紧凑版本，在列表项或其前后没有多余的垂直间距。

❑ inparaitem: 在段中排版的列表项，在印刷品中很少见。

❑ asparaItem: 每个列表项的样式都类似独立的普通 LaTeX 段落，但前面有项目符号。

对于有序列表，paralist 添加了以下内容。

❑ compactenum: enumerate 环境的紧凑版本，在列表项或其前后没有多余的垂直间距。

❑ inparaenum: 在段内排版的有序列表。

❑ asparaenum: 每个列表项的样式都类似独立的普通 LaTeX 段落，但前面有项目符号。

对于定义列表，paralist 添加了以下内容。

❑ compactdesc: description 环境的紧凑版本，在列表项或其前后没有多余的垂直间距。

❑ inparadesc: 在段内排版的定义列表。

❑ asparadesc: 每个列表项的样式都类似独立的普通 LaTeX 段落，和定义列表一样，使用粗体关键字作为段落的介绍文本。

现在已经对间距进行了自定义，接下来自定义项目符号和编号。

4.3.2 选择项目符号和编号样式

为了遵循特定语言的习惯或特殊要求，读者可能希望使用罗马数字或字母来创建列表，可能还要使用圆括号或圆点。enumitem 包提供了实现此类需求的丰富功能。

接下来修改编号样式，用带圆圈的字母，按字母顺序给列表编号。此外，用破折号代替圆点，步骤如下。

（1）使用 enumitem 包替换 paralist。这里不再使用"紧凑"环境，使用标准列表。不过，依然希望列表紧凑，所以将 nosep 参数添加到列表中。

```
\documentclass{article}
\usepackage{enumitem}
\setlist{nosep}
\setitemize[1]{label=---}
\setenumerate[1]{label=\textcircled{\scriptsize\Alph*}, font=\sffamily}
```

```
\begin{document}
\begin{enumerate}
    \item State the paper size by an option to the document class
    \item Determine the margin dimensions using one of these packages:
        \begin{itemize}
        \item geometry
        \item typearea
    \end{itemize}
    \item Customize header and footer by one of these packages:
    \begin{itemize}
        \item fancyhdr
        \item scrpage-scrheader
    \end{itemize}
    \item Adjust the line spacing for the whole document
    \begin{itemize}
        \item by using the setspace package
        \item or by the command \verb|\linespread{factor}|
    \end{itemize}
\end{enumerate}
\end{document}
```

（2）单击"排版"按钮，并查看输出，如图 4.7 所示。

> (A) State the paper size by an option to the document class
> (B) Determine the margin dimensions using one of these packages:
> 　　— geometry
> 　　— typearea
> (C) Customize header and footer by one of these packages:
> 　　— fancyhdr
> 　　— scrpage-scrheader
> (D) Adjust the line spacing for the whole document
> 　　— by using the setspace package
> 　　— or by the command \linespread{factor}

图 4.7　自定义的有序列表

（3）在加粗代码行上方，插入以下代码。

```
\end{enumerate}
\noindent\textbf{Tweaking the line spacing:}
\begin{enumerate}[resume*]
```

（4）再次单击"排版"按钮，查看修改，如图 4.8 所示。

> Ⓐ State the paper size by an option to the document class
> Ⓑ Determine the margin dimensions using one of these packages:
> — geometry
> — typearea
> Ⓒ Customize header and footer by one of these packages:
> — fancyhdr
> — scrpage-scrheader
> **Tweaking the line spacing:**
> Ⓓ Adjust the line spacing for the whole document
> — by using the setspace package
> — or by the command `\linespread{factor}`

图 4.8　恢复缩进的列表

使用 enumitem 包的命令来指定列表属性。逐一进行解释。

❑ `\setlist{nosep}`：`\setlist` 设置了属性，对所有类型列表都生效。这里示例指定了 nosep 来实现紧凑列表，类似于紧凑的 paralist 环境。该设置删除了所有垂直间距。

❑ `\setitemize[1]{label=---}`：`\setitemize` 修改了无序列表的属性。这里使用加宽破折号作为项目符号。

❑ `\setenumerate[1]{label=\textcircleed{\scriptsize \Alph*},font=\sffamily}`：`\setEnumerate` 设置了属性，对有序列表有效。示例用它来设置标签和标签字体。`\alph*`命令表示使用大写字母。

可以像使用 resume* 一样，在本地使用这些选项。其他示例如下。

❑ `\begin{itemize}[noitemsep]`，获取紧凑的无序列表，在项目和段落之间不添加间距。

❑ `\begin{enumerate}[label=\roman*.,start=3]`，编号为 iii.、IV.，以此类推。

❑ `\begin{enumerate}[label=\alph*)],nolistsep]`，编号为 a)、b)、c)，以此类推。

标签命令将实现如下编号：

❑ `\arabic*`：1、2、3、4、…。

❑ `\alph*`：a、b、c、d、…。

❑ `\Alph*`：A、B、C、D、…。

❑ `\roman*`：i、ii、iii、iv、…。

❑ `\Roman*`：I、II、III、IV、…。

*代表列表计数器的当前值。可以根据需要使用括号和标点符号。在后面读者将学习

如何在数以千计的标签符号和项目符号之间进行选择。

还有一个简短的形式。如果用 shortlabels 选项加载 enumitem 包,则可以使用紧凑语法\begin{enumerate}[(i)]、\begin{enumerate}[(1)]。其中,1、a、A、i 和 I 分别表示\arabic*、\alph*、\Alph*、\roman*和\Roman*。这样就能快速进行自定义。然而,为了保持样式一致性,最好使用全局命令。

当使用有序列表时,用户可能想暂停列表,写一些文字,然后再继续列表。下一小节介绍如何实现这个功能。

4.3.3　暂停和继续列表

在生成图 4.8 的示例第(3)步中,我们中断列表,然后写入文本,并使用\begin{enumerate}[resume*]重新启动列表。resume 选项指示 enumitem 用下一个数字继续列表,带星号的 resume*实现了编号。

LaTeX 的列表具有默认的版式。然而,在某些情况下可能想修改默认版式,例如改变边距或项目缩进。所有的版式尺寸都由 LaTeX 的宏决定,即所谓的长度。

layouts 软件包支持可视化地设计版式,它呈现了这些宏的长度。可以用它来检查 **LaTeX** 的列表尺寸。使用如下文档。

```
\documentclass[12pt]{article}
\usepackage{layouts}
\begin{document}
\listdiagram
\end{document}
```

通过简单的排版,将得到图 4.9 所示效果。

layouts 包还有更多功能,可以参考文档 https://texdoc.org/pkg/layouts。或在命令行运行 texdoc layouts。

例如,可以使用 LaTeX \setlength 命令来定义这些长度,\Setlength{labelwidth}{2cm},但很难将其应用于特定列表和某些嵌套深度。如果需要修改列表版式,可以使用 enumitem 包的命令,如\setlist 和它的 key=value 接口来调整长度,如图 4.9 所示。

例如,如果想在描述环境中删除列表项的间距,并减少左边的边距,可以加载 enumitem 包,并编写以下代码。

```
\Setdescription{itemsep=0cm,parsep=0cm, leftmargin=0.5cm}
```

注意,键名不使用反斜杠。相似地,\setitemize、\setenumerate 和\setlist

也可以用来进行微调。可以尝试赋值，并测试对示例的影响。如果想了解更多信息，查看 enumitem 文档 https://texdoc.org/pkg/enumitem，或在命令行运行 texdoc enumitem。

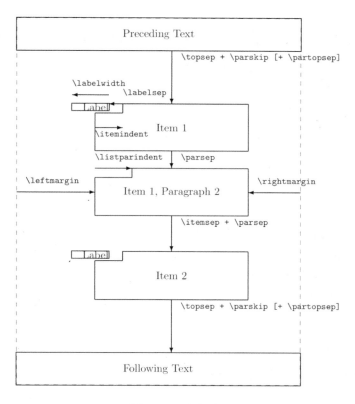

图 4.9　列表版式

4.4　总　　结

在这一章中，我们学习了使用列表这种组织文本的新方法。具体而言，学习了如何创建无序列表、有序列表和定义列表。此外，还学习了如何创建紧凑列表和自定义列表，以及调整列表间距、中断并恢复列表。

读者可以用列表组织文本、表达观点。

在下一章我们还将学习插入图片和创建表格，进一步对文本结构进行处理。

第5章 插 入 图 片

文档不仅由文本组成，还需要插入图片、图表或用其他程序制作的图纸。在本章中，我们将学习如何以最佳的质量，在特定位置插入图片。

本章学习内容如下。

❑　插入图片。

❑　管理浮动图片。

本章结束时，读者将学会如何将图片按要求插入文本中。

5.1　技　术　要　求

读者需要在计算机上安装 LaTeX，或者使用 Overleaf，也可以在本书的网页上在线运行所有的示例，地址是 https://latexguide.org/chapter-05。

本章代码可从 GitHub 获取，地址是 https://github.com/PacktPublishing/LaTeX-Beginner-s-Guide-2nd-Edition-/tree/main/Chapter_05_-_Including_Images。

在本章中将使用的 LaTeX 软件包有 babel、blindtext、captof、float、graphicx、pdfpages 和 wrapfig。

同时还会简要介绍这些包：afterpage、caption、epstopdf、eso- pic、microtype、placeins、rotating、subcaption、subfig、subfigure 和 textpos。

5.2　插　入　图　片

插入图片的标准包是 graphicx，x 表示它是对已经过时的 graphics 包的扩展。

首先创建一个简短的文档，在两个段落之间插入一张图片，步骤如下。

（1）创建一个新的文档，加载 babel 和 blindtext 包来打印一些填充文本，代码如下。

```
\documentclass[a5paper]{article}
```

```
\usepackage[english]{babel}
\usepackage{blindtext}
\usepackage{graphicx}
\pagestyle{empty}
\begin{document}
\section{Including a picture}
\blindtext
```

（2）打开一个 figure 环境，并声明\centering，代码如下。

```
\begin{figure}
\centering
```

（3）使用以文档名为参数的\includegraphics 命令。使用 example-image 作为文档名，因为它是 TeX Live 中包含的样本图片。代码如下。

```
\includegraphics[width=4cm]{example-image}
```

（4）设置图题，关闭 figure 环境，用填充文本结束文档，代码如下。

```
    \caption{Test figure}
\end{figure}
\blindtext
\end{document}
```

（5）单击“排版”按钮编译文档，查看输出，如图 5.1 所示。

图 5.1　文档中的图片

　　最重要的命令是\includegraphics，这里指定了文档名。如果这个文档存在，LaTeX 就会加载它。如果不存在，则会显示错误。LaTeX 支持以下文件类型。

❑　　如果直接编译成 PDF（pdfLaTeX），支持 PNG、JPG 和 PDF。

❑　　如果编译成 DVI 并转换为 PS 和 PDF（传统的 LaTeX），则支持 EPS。

　　其中，PS 代表 PostScript，EPS 代表 Encapsulated PostScript，DVI 代表 Device Independent File Format。DVI 是第一个被 TeX 和 LaTeX 支持的输出格式。你肯定知道 PDF（PDF 代表 Portable Document Format）和流行的图片格式——PNG 和 JPG，二者经常用于屏幕截图和照片。

　　不需要指定文档名扩展名，因为 LaTeX 会自动添加扩展名。可以把新文档放在与旧文档相同的路径下，或者指定完整或相对的路径名，示例如下。

```
\includegraphics{appendix/figure1}
```

　　在文档路径中，使用正斜杠（/），不要使用反斜杠（\），因为后者是 LaTeX 命令的起始字符。

　　将选择的图片复制到文档目录下。给\includegraphics 命令传入文档名，并进行编译。LaTeX 将图片以其原始尺寸嵌入。

　　在下一节中，我们将学习如何选取图片类型，并指定图片大小，使图片占据整个 PDF 页面，或使图片放置在文本的背景中。

5.2.1　选择最佳的文档类型

　　如果已经得到了最终格式为 JPG、PNG 或 PDF 的图片，可以使用这种格式并将图片包含在文档中。改变图片格式并不能提高质量。不过在选取图片之前，可以自由选择文档格式。接下来看看如何选取图片的格式。

　　EPS 和 PDF 都是矢量图形格式，都是可缩放的，而且在高分辨率下或放大后也都很清晰。因此，PDF（或 EPS）应该是首选格式。例如，当从其他办公软件中导出图片或图表时，应首选 PDF（或 EPS）。对于这样的图形，矢量格式是最常见的。

　　PNG 和 JPG 是位图格式，也叫光栅图片，通常用于照片。如果放大图片，就会发现图片质量有损失。PNG 使用无损压缩，而 JPG 图片在保存时可能有损失。所以，截图时使用 PNG，如果选择 JPG，则要确保压缩没有损失。对于照片，建议使用 JPG，避免图片文件像 PDF 一样巨大。

　　除了支持矢量图，EPS 和 PDF 都可以包含位图图形。它们也被称为容器格式。

　　有很多工具可以转换图片格式。推荐以下三个程序，TeX Live 和 MiKTeX 都支持它们。

- ❑ dvips 能将 DVI 文档转换为 PostScript 格式。
- ❑ ps2pdf 能将 PostScript 文件转换为 PDF。
- ❑ epstopdf 能将 EPS 文件转换为 PDF，LaTeX 有同名的软件包。如果用 \usepackage 加载 epstopdf，epstopdf 会同步完成转换。

这些是命令行工具。一些 LaTeX 编辑器使用它们实现从 .tex 到 .dvi、再到 .ps、再到 .pdf 的单键编译。

如果必须插入 PostScript 图片，并希望使用 pdfLaTeX 的功能，如字体扩展和字符突出，可通过 microtype 使用 epstopdf。

Inkscape、ImageMagick 和 GIMP 都是非常强大的免费开源程序，可以进一步处理图片。

5.2.2　缩放图片

在添加图片时，可以为图片设置不同的尺寸。下面是 \includegraphics 命令的定义。

```
\includegraphics[key=value list]{file name}
```

graphicx 文档中列出了所有键和可能值。下面是最常用的键，以及 \includegraphics 的作用。

- ❑ width：调整到这个宽度，如 width=0.9/text width。
- ❑ height：调整到这个高度，如 height=3cm。
- ❑ scale：按这个因数进行缩放，如 scale=0.5。
- ❑ angle：按这个角度进行旋转，如 angle=90。

另外还有剪裁选项，但最方便的方式是用图形软件进行后期处理。

为了将图片旋转 90°，还可以使用 rotating 包的 sidewaysfigure 环境（参考 https://texdoc.org/pkg/rotating）。

5.2.3　插入整页

如何插入比文本区域更宽或更高的图片呢？可以用 \includegraphics 实现。但 LaTeX 可能因为宽度或尺寸问题，将图片移到下一页。

使用 pdfpages 软件包可以插入大型图片甚至整个页面。pdfpages 包提供了 \includepdf 命令，可以一次性插入一整页，甚至是多页的 PDF 文档。尽管该包的名字是 PDF，但它也可以插入 PNG 和 JPG 图片（这一点在 https://texdoc.org/pkg/

pdfpages 的文档中并没有提及）。

pdfpages 包的基本用法具体如下。

```
\usepackage{pdfpages}
…
\includepdf[pages=-]{contract}% include entire contract.pdf
\includepdf[pages=2-4]{spec}% include pages 2-4 of spec.pdf
```

一个常见的用途是将几个 PDF 文档合并成一个 PDF 文档。还可以使用 pdfpages 调整几页 PDF 的大小，将它们排列在同一页面上。

5.2.4　将图片置于文本后

使用 eso-pic 软件包，可以插入水印、背景图片，将文本框放置在页面的任意位置，并且不干扰其他文本。

在 *LaTeX Cookbook* 的第 2 章文本绝对定位小节中，提供了逐步操作的示例。

textpos 软件包提供了另一种方法，可以在页面上的绝对位置放置带有文本或图形的方框，参见 https://texdoc.org/pkg/textpos。

现在来看一下动态定位图片。

5.3　管理浮动图片

当发生分页时，普通文本分页后可能移到下一页。然而，自动分页不能分割图片。这就是为什么 LaTeX 提供了 figure 浮动环境。浮动环境也称为浮动对象。LaTeX 可以为浮动环境的内容（包括标题），安排适合的页面版式和分页位置。

figure 环境可接收一个可选参数，它能影响图片的最终位置。我们在图片示例中测试其效果，具体如下。

（1）回到之前的图 5.1 示例。在加粗代码行，添加 h 和 t 选项（其中 h 和 t 表示 *here* 和 *top*），代码如下。

```
\begin{figure}[ht]
    \centering
    \includegraphics{example-image}
    \caption{Test figure}
\end{figure}
```

（2）编译文档，查看输出，如图 5.2 所示。

图 5.2　位于文本之间的图片

（3）将加粗行中的选项改为!b（b 表示 *bottom*），具体如下。

```
\begin{figure}[!b]
```

（4）再次编译后，图片被强制放置到页面底部，如图 5.3 所示。

图 5.3　位于页面底部的图片

通过添加放置选项的字符，可以在特定位置放置图片。

> **在多栏文本中插入图片**
>
>   figure 环境还有一个加星形式，即 figure*，它可以在多栏文本中，将图片插入一栏里。对于单栏文本，加星和不加星的 figure 没有区别。

接下来，我们学习图片的定位。通过设置 LaTeX 的偏好确定插入图片的位置，如页面顶部或底部，以及如何强制立即输出、限制浮动，如何彼此相邻插入图片或位于文本中。

5.3.1　插入选项

图形环境的可选参数指示 LaTeX 将图片插入何处，分别用四个字母代表四个位置，具体如下。

- ❑　h 表示 *here*（当前位置），图片出现在源代码中写入的位置。
- ❑　t 表示 *top*（顶部），图片可以插到页面顶部。
- ❑　b 表示 *bottom*（底部），图片可以插到页面底部。
- ❑　p 表示 *page*（页面），图片可以插到单独的页面上，页面上只能有浮动对象，不能有普通文本。
- ❑　! 指示 LaTeX 尽量不受约束条件限制，以插入图片。

如果不指定任何选项，LaTeX 会把图插到很远的位置。指定更多的选项将有助于将图片插到尽可能近的位置。最灵活的方法是使用选项 [!htbp]，可以在任意位置插入图片。如果不希望使用哪个参数，则将其删除。

5.3.2　强制输出图片

如果想阻止 LaTeX 放置浮动对象，可以用 \clearpage 命令结束当前页面，并打印所有已定义好的图片。也可以使用 \cleardoublepage，它的作用与 \clearpage 相似。此外，\cleardoublepage 还具有双面排版功能，能确保下一个非浮动页是右侧页面。如果有必要，\cleardoublepage 会插入一个空白页。

立即结束页面不是最好的做法，因为这样可能在当前页面留下大量空白。afterpage 包为此提供了一个创造性的解决方案，它允许推迟执行 \clearpage，直到当前页面结束，使用方法如下。

```
\usepackage{afterpage}
```

```
...
body text
\afterpage{\clearpage}
```

我们不需要经常使用 afterpage 包,因为可以直接在所需的地方运行/clearpage 命令,例如在章节结尾。也可以自动处理这种情况,下一节进行介绍。

5.3.3　限定浮动

图片可能被排版到很远的位置,甚至可能排版到另一节。placeins 包提供了一个强大的命令来限制浮动。如果使用\usepackage{placeins}加载 placeins,并在文档某处写入\FloatBarrier,则任何图片都不能越过该位置。这个宏可使浮动对象保持在原位。

为了防止浮动对象跨越小节,一个非常方便的方法是指定 section 选项,代码如下。

```
\usepackage[section]{placeins}
```

这个选项会在每节的开头形成一个隐藏的/FloatBarrier。此外,还有两个选项 above 和 below,二者可以降低限制,防止浮动对象出现在当前章节的起始点以上,或下一章节的起始点以下。

图片不会排版到下一章,是因为\chapter 隐式地使用了\clearpage。

5.3.4　完全避免浮动

如果想将图片准确地放在特定位置,则不要使用 figure 环境。可以使用\includegraphics。例如,可以通过以下方式插入并居中放置图片。

```
\begin{center}
    \includegraphics[width=4cm]{example-image}
\end{center}
```

不过,图题是属于浮动环境的,所以\caption 命令无法用于\includegraphics。如果想插入图题,可以使用\captionof 命令。caption 包、KOMA-Script 类和 capt-of 包提供了\captionof 命令,使用方法如下。

```
\usepackage{capt-of}% or caption
…
\begin{minipage}{\linewidth}
    \centering
    \includegraphics{example-image}
```

```
    \captionof{figure}{Test figure}
\end{minipage}
```

minipage 环境可将图片和图题放在一起，这是因为在 minipage 环境中不会发生分页。\captionof 的定义与 \caption 相同，只是有一个额外的指定浮动类型的参数 figure，代码如下。

```
\captionof{figure}[short text]{long text}
```

注意，如果把浮动对象和固定图片混在一起，编号可能出问题。由于不能利用 LaTeX 的定位功能，必须留意页面是否充分填充。

float 包为此提供了使用方便且外观一致的方法。通过引入 H 放置选项，使浮动对象出现在特定位置，具体代码如下。

```
\usepackage{float}
…
\begin{figure}[H]
    \centering
    \includegraphics{example-image}
    \caption{Test figure}
\end{figure}
```

可以在这两个方法中任选其一。如果希望探索 float 包的更多功能，可以加载这个包之后进行尝试。或者使用 capt-of。如果使用了 caption 包或 KOMA-Script 类，也可以不这么做。

5.3.5　排放多张图片

对于要在一张图中排放多张子图，并配有图题，可以使用如下软件包。

❑　subcaption 是一个用于带有副标题的子图的包，属于 caption 包。（如果在文档中使用超链接，选择 subcaption 包，因为它对超链接的支持更好。有关超链接，请参见第 12 章）。

❑　subfig 是一个较为复杂的软件包，它支持插入小图片，能在单个浮动对象中定位、加入标签和图题。

❑　也可以使用 subfigure，但它已经过时了，因为有了 subfig。

不要同时加载这些软件包。一般加载两个具有相同功能的软件包会导致冲突。

对于对齐图片、堆叠图片或在网格中定位，可参考 *LaTeX Cookbook* 的第 4 章 "处理图片"，其中包含解释示例。

5.3.6 使文本包围图片

有时可能想让文本包围图片。此时，可以使用 wrapfig 包和 wrapfigure 环境。

使用之前插入图片的示例（图 5.3）。若想让图片出现在左侧，右侧是正文，步骤如下。

（1）在图 5.3 的示例代码中，加载 wrapfig 包，代码如下。

```
\documentclass[a5paper]{article}
\usepackage[english]{babel}
\usepackage{blindtext}
\usepackage{graphicx}
\usepackage{wrapfig}
\pagestyle{empty}
\begin{document}
```

（2）新建不含编号的小节，并在填充文本中放置 wrapfig 环境，代码如下。

```
\section*{Text flowing around an image}
\blindtext
\begin{wrapfigure}{l}{4cm}
    \includegraphics[width=4cm]{ example-image}
    \caption{Test figure}
\end{wrapfigure}
\blindtext
\end{document}
```

（3）编译文档并查看输出，如图 5.4 所示。

wrapfigure 环境的参数不同于 figure 环境。我们只使用了其中的两个。如果需要更多参数，下面是其完整的定义。

```
\begin{wrapfigure}[number of lines]{placement}[overhang]{width}
```

第一个可选参数指明文本行数。如果省略，则会从高度自动计算行数。第二个参数 placement，可以是右（r）、左（l）、内（i）、外侧（o）其中之一。也可以是相应的大写字母 R、L、I、O，作用相同，但允许图片浮动。只允许使用一个字符来指定该选项。另一个可选参数 overhang，可以设置图片和边距的悬挂宽度，默认是 0pt。最后的强制性参数设置了图片的 width。

可以从手册了解更多内容，参见 https://texdoc.org/pkg/wrapfig。

Text flowing around an image

Hello, here is some text without a meaning. This text should show what a printed text will look like this place. If you read this text, you will get no information. Really? Is there no information? Is there a difference between this text and some nonsense like "Huardest gefburn"? Kjift – not at all! A blind text like this gives you information about the selected font, how the letters are written and an impression of the look. This text should contain all letters of the alphabet and it should be written in of the original language. There is no need for special content, but the length of words should match the language.

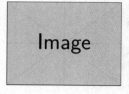

Hello, here is some text without a meaning. This text should show what a printed text will look like at this place. If you read this text, you will get no information. Really? Is there no information? Is there a difference between this text and some nonsense like "Huardest gefburn"? Kjift – not at all! A blind text like this gives you information about the selected font, how the letters are written and an

Figure 1: Test figure

impression of the look. This text should contain all letters of the alphabet and it should be written in of the original language. There is no need for special content, but the length of words should match the language.

图 5.4　围绕图片的文本

5.4　总　　结

在这一章中，我们学会了如何在文档中插入图片，知道了可以使用哪些文档类型，以及如何在文档中排放图片。

LaTeX 可以像目录一样生成图片列表。我们将在第 8 章中处理这种列表。

由于图片是有编号的，可以在文本中引用图片的编号。在第 7 章中，我们将利用 LaTeX 内置的交叉引用功能来实现。

下一章将使用表格，表格的定位与图片的定位非常相似。

第 6 章 创 建 表 格

科学文档和其他文档不仅包含纯文本，还以表格的形式呈现信息和数据。这一章就来学习表格。

在本章中，我们将学习以下内容。

❑ 制表符。

❑ 表的排版。

❑ 为表格添加表头。

❑ 使用包进行自定义。

让我们逐一完成这些任务。我们将从在列中排列文本开始。

6.1 技 术 要 求

需要在计算机上安装 LaTeX，或者使用 Overleaf，也可以在本书的网页上在线运行所有的示例，地址是 `https://latexguide.org/chapter-06`。

本章代码可从 GitHub 获取，地址是 `https://github.com/PacktPublishing/LaTeX-Beginner-s-Guide-2nd-Edition-/tree/main/Chapter_06_-_Creating_Tables`。

本章将使用的 LaTeX 软件包有 `array`、`booktabs`、`caption` 和 `multirow`。

还会简要介绍这些包：`color`、`colortbl`、`dcolumn`、`longtable`、`ltablex`、`ltxtable`、`microtype`、`ragged2e`、`rccol`、`rotating`、`siunitx`、`stabular`、`supertabular`、`tabularx`、`tabulary`、`xcolor` 和 `xtab`。

6.2 使用制表符创建列

在使用打字机和早期文字处理软件的年代，当需要把文本排成一列时，可以使用制表符。LaTeX 提供了类似的方法将文本排成一列，即 `tabbing` 环境。

为了快速介绍 LaTeX，在每行列出一项 LaTeX 的功能，在冒号处对齐，步骤如下。

（1）新建文档并打开 `tabbing` 环境。

```
\documentclass{article}
\begin{document}
\begin{tabbing}
```

（2）编写文本，使用\=设置制表符，用\\结束行：

```
\emph{Info:} \= Software \= : \= \LaTeX \\
```

（3）再增加几行，用\>移动到下一个制表位，并再次用\\结束行。

```
\> Author \> : \> Leslie Lamport \\
\> Website \> : \> www.latex-project.org
```

（4）关闭 tabbing 环境，结束文档。

```
\end{tabbing}
\end{document}
```

（5）单击"排版"按钮编译文档，如图 6.1 所示。

```
Info: Software : LaTeX
      Author   : Leslie Lamport
      Website  : www.latex-project.org
```

图 6.1　简单对齐的文本

使用 tabbing 环境新起一行，并使用下面三个简单的标签。

❑　\=：设置制表符。可以在一行中设置几个制表符。通常是在第一行进行设置。

❑　\\：结束当前行。

❑　\>：移动到下一个制表符。

除了第一行，还可以在另一行使用\=来调整之前设置的制表符。例如，如果已经在一个文本行中使用了两个\>标签，则\=标签会再放入第三个（新的或替换的）制表符。

访问 https://latexguide.org/tabbing，可以看到若干使用这些标签的示例。

通过 tabbing 环境，可以快速生成包含左对齐文本的列。如果 tabbing 环境的行到了页面末尾，则在下一页继续。所以，tabbing 是非常基本的使表格跨越分页符，甚至跨过多个页面的方法。

但是，如果列太长，超过了制表符的位置怎么办？接下来看看如何解决这个问题。

在第 2 章中，我们学习了很多字体命令和声明，本章用一个表格包含这些命令和示例输出。现在来创建一个这样的表格，步骤如下。

（1）新建一个文档，如前面示例中的（1）中所示，并定义一个命令来设置表头字体。

```
\documentclass{article}
\newcommand{\head}[1]{\textbf{#1}}
\begin{document}
\begin{tabbing}
```

（2）使用\=创建第一行的制表符，并使用\>移到制表符。使用\verb|...|命令排版 LaTeX 命令。

```
\= \head{Command} \= \head{Declaration} \= \ head{Example}\\
\> \verb|\textrm{...}| \> \verb|\rmfamily| \> \rmfamily text\\
\> \verb|\textsf{...}| \> \verb|\sffamily| \> \sffamily text\\
\> \verb|\texttt{...}| \> \verb|\ttfamily| \> \ttfamily text
```

（3）关闭 tabbing 环境和文档。

```
\end{tabbing}
\end{document}
```

（4）单击"排版"按钮编译文档，如图 6.2 所示。

图 6.2　重叠对齐的文本

（5）正如输出所示，制表符太窄了。进行修改，首先创建一个包含制表符的新标题行，但这一次用\kill 结束该行，以隐藏该行。使用填充文本指定制表符之间的宽度，如用该列中最长的文本。再用字体命令完善。现在，制表代码具体如下。

```
\begin{tabbing}
    \= \verb|\textrm{...}| \= \head{Declaration} \= \head{Example}\kill
    \> \head{Command} \> \head{Declaration} \> \ head{Example}\\
    \> \verb|\textrm{...}| \> \verb|\rmfamily| \> \rmfamily text\\
    \> \verb|\textsf{...}| \> \verb|\sffamily| \> \sffamily text\\
    \> \verb|\texttt{...}| \> \verb|\ttfamily| \> \ttfamily text
\end{tabbing}
```

（6）再次编译，获得最终结果，如图 6.3 所示。

Command	Declaration	Example
\textrm{...}	\rmfamily	text
\textsf{...}	\sffamily	text
\texttt{...}	\ttfamily	text

图 6.3 处理后的对齐文本

　　注意到制表符设置得太窄之后，我们创建了新的包含制表符的表头，其中包含代表每列最宽条目的文本。为了隐藏该行，在行末使用了\kill 命令。在行末使用\kill 命令，将不输出该行。

　　与此示例类似，\verb|code|命令会"按原样"排版代码，而不解释其中的命令。可以选择任意字符代替|作为分隔符。\verb 不能用在命令的参数中，包括\section 和\footnote，也不能在表头中使用。

　　对于较长的、逐字记录的文本，可以使用同名环境，即 verbatim。

　　如果经常使用制表符，还有更多有用的命令，具体如下。

- ❑　\+：在行末使用\+（在\\之前），可以将随后几行的左边距向右移动一个制表符。使用两次\+，即\+\+，可以向右移动两个制表符，以此类推。
- ❑　\-：行末的\-可以将后面几行的左边距向左移动一个制表符。同样，\-\-向左移动两个制表符。大多是用\-撤销由\+所做的缩进。
- ❑　\<：取消前面的\+命令对该行的影响，将左页边距向左移动一个制表符。我们只能在行首使用它。类似，\<\<可以向左移动两个制表符。

　　使用这些命令，就可以很好地运用 tabbing 环境。可以在参考手册中找到更多的命令，参见 https://latex2e.org/tabbing。

　　在 tabbing 环境中，声明是对当前项目的局部声明。/=、\>、\\或\kill 命令将使声明失效。

　　另外，tabbing 环境不能被嵌套。

　　以上就是在列中排版文本的方法，接下来学习如何用分隔线和对齐创建表格。

6.3　表　格　排　版

　　我们可能需要使用更复杂的结构和格式，如列居中、分隔线、嵌套结构。为了排版简单和复杂的表格，LaTeX 提供了 tabular 环境。

　　像前面的示例一样创建表格，表格中是字体族命令，但这一次，让列中的所有条目都在水平方向上相互居中，并添加一些水平线画出表格的边框和表头，步骤如下。

（1）新建文档，定义一个命令设置表头的字体。

```
\documentclass{article}
\newcommand{\head}[1]{\textnormal{\textbf{#1}}}
\begin{document}
```

（2）启动 tabular 环境。使用强制性参数 ccc，它表示三个居中的列。

```
\begin{tabular}{ccc}
```

（3）编写表头，在列的条目之间添加&，并在行末添加\\，使用\hline 插入水平线。

```
\hline
\head{Command} & \head{Declaration} & \head{Output}\\
\hline
```

（4）继续编写表格，关闭环境和文档。使用\verb|command|编写 LaTeX 命令。

```
    \verb|\textrm| & \verb|\rmfamily| & \rmfamily Example text\\
    \verb|\textsf| & \verb|\sffamily| & \sffamily Example text\\
    \verb|\texttt| & \verb|\ttfamily| & \ttfamily Example text\\
    \hline
\end{tabular}
\end{document}
```

（5）单击"排版"按钮，查看输出的表格，如图 6.4 所示。

Command	Declaration	Output
\textrm	\rmfamily	Example text
\textsf	\sffamily	Example text
\texttt	\ttfamily	Example text

图 6.4　一个简单的表格

在（2）中的强制参数中，我们写了一个字符列表。每个字符代表一个格式化选项。因为使用了三个字符，所以得到了三列。c 代表居中对齐。因此，所有列的条目都已居中。

在（3）和（4）中，用&隔开列条目，并用\\结束行。不要用\\结束最后一行，除非还想在下面再写一行。建议在源代码中对齐&符，这样可以提高代码的可读性。

在列的条目中，可以使用普通文本及 LaTeX 命令。如同在 tabbing 环境中，声明的有效范围是大括号以内的局部范围以内，仿佛大括号将内容包围在单元格内。

此外，tabular 和 minipage 一样，也有一个可选的对齐参数。完整的定义如下。

```
\begin{tabular}[position]{column specifiers}
```

```
    row 1 col 1 entry & row 1 col 2 entry ... & row 1 col n entry\\
    ...
\end{tabular}
```

在可选的[position]参数中，t 表示首行对齐，b 表示末行对齐。默认是垂直居中对齐 c。如果需要并排放置两个表格，或在文本内插入表格，这个可选参数很有用。

下一节，我们将学习如何自定义表格，如添加线条，向左、向右或居中对齐，以及在多列或多行上合并单元格。

6.3.1　在表格中画线

在 tabular 中，可以使用下列三种类型的线。

- ❑ \hline：在整个表格的宽度上画一条水平线。
- ❑ \cline{m-n}：画一条水平线，从 m 列开始，到 n 列结束。必须按照语法画线，如果只在某一列画线，如第 3 列，应该写成\cline{3-3}。
- ❑ \vline 在当前行的整个高度上画一条垂直的线。

下面的章节将使用\hline 画线。

6.3.2　格式化参数

接下来做进一步的格式化。在如下示例表格中添加 l、c、r 和 p 作为参数。

```
\begin{tabular}{|l|c|r|p{1.7cm}|}
    \hline
    left & centered & right & a fully justified paragraph cell\\
    \hline
    l & c & r & p\\
    \hline
\end{tabular}
```

这段代码将生成如图 6.5 所示表格。

left	centered	right	a fully justified paragraph cell
l	c	r	p

图 6.5　一个具有不同对齐方式的表格

tabular 环境的选项如下。

- l：表示左对齐。
- c：表示居中对齐。
- r：表示右对齐。
- p{width}：表示一定宽度的"段落"单元格。如果把几个 p 单元格放在一起，它们将在其顶行处对齐。等同于在一个单元格内使用\parbox[t]{width}。
- @{code}：在一列之前或之后插入代码。代码也可以是一些文本，或者留空，如@{}。
- |：表示竖线。
- *{n}{options}：相当于 n 个选项，n 是正整数，options 包含一个或多个列指定符，也包括*。

> **提示**
>
> 建议不要在表格中使用竖线。装饰线应该使信息更加清晰，提高可读性。

使用 usepackage{array}加载 array 包后，可以使用的选项如下。

- m{width}：类似于 parbox{width}，基线位于中间。
- b{width}：类似于 parbox[b]{width}，基线位于底部。
- !{code}：使用方法等同|，但插入的是代码而不是竖线。不同于@{...}，列与列之间的空间将不会被删除。
- >{code}：可以用在 l、c、r、p、m 或 b 选项之前，并在该列的每个条目起始位置插入代码。
- <{code}：可以用在 l、c、r、p、m 或 b 选项之后，并在该列的每个条目末尾位置插入代码。

下面的示例展示了加载 array、使用@{}和对齐参数 p、m、b 的效果。

```
\documentclass{article}
\usepackage{array}
\begin{document}
\begin{tabular}{@{}lp{1.2cm}m{1.2cm}b{1.2cm}@{}}
   \hline
   baseline & aligned at the top & aligned at the middle
   & aligned at the bottom\\
   \hline
\end{tabular}
\end{document}
```

输出的表格如图 6.6 所示。

对于图 6.6 的最后一列，文本没有与表格单元格的底部对齐，因为选项 b 表示单元格文本的基线应是底线。基线在垂直方向上的对齐方式是在同一水平线上。因此，为了使基线是其底线的文本与其他基线对齐，它必须向上移动。可以把基线当作锚线，所有的锚线都位于同一高度。

			aligned
		aligned	at the
		at the	bottom
baseline	aligned	middle	
	at the		
	top		

图 6.6　具有不同垂直对齐样式的表格

6.3.3　增加行高

你可能已经注意到，水平线几乎碰到单元格中的字母，尤其是大写字母。array 包引入了额外高度\extrarowheight。如果它是正值，就会将额外的高度添加到表格的每一行中。

继本章第一个示例之后，下一个示例展示了如何在加粗代码行中增加行高。此外，它还展示了数组选项的更多效果，具体如下。

```
\documentclass{article}
\usepackage{array}
\setlength{\extrarowheight}{4pt}
\begin{document}
\begin{tabular}{@{}>{\itshape}ll!{:}l<{.}@{}}
   \hline
   Info: & Software & \LaTeX\\
   & Author & Leslie Lamport\\
   & Website & www.latex-project.org\\
   \hline
\end{tabular}
\end{document}
```

输出结果如图 6.7 所示。

Info:	Software	:	LaTeX.
	Author	:	Leslie Lamport.
	Website	:	www.latex-project.org.

图 6.7　拉伸后的表格

这里，使用>{\itshape}将一行的字体改为斜体。>{}经常用来插入对齐声明，如
\centering。不过，这也有一个隐患，这样声明可能改变\\的内部含义，它是表示表
内\tabularnewline 的快捷键。但 array 包提供了一个命令来修复它，只需添加
\arraybackslash，示例如下。

```
\begin{tabular}{>{\centering\arraybackslash}p{5cm}}
```

不添加的话，由 p、m 或 b 表示的段落单元格的内容就会变成全对齐。

在特定行之后，可以用可选参数\\添加垂直空间，如\\[10pt]。

甚至可以拉伸整个表格。\arraystretch 命令包含默认值为 1 的拉伸参数。只要
重新定义拉伸参数即可。如\renewcommand{arraystretch}{1.5}能增加 50%的行
高度。可以在组或环境内使用它，以使效果保持局部一致。

6.3.4 美化表格

表格目前比较粗糙，特别是表格线条、线与文本的距离都需要改进。此时，可以用
booktabs 包。加载该软件包之后，可以用新的线条命令替换\hline 和\cline，以美
化表格。

我们通过以下步骤学习 booktabs 包引入的新命令。

（1）在图 6.4 示例中，加载 booktabs 包。

```
\usepackage{booktabs}
```

（2）使用\toprule、\midrule 和\bottomrule 替换\hline，并且在可选参数
中设置线的粗细。表格内容如下。

```
\begin{tabular}{ccc}
   \toprule[1.5pt]
   \head{Command} & \head{Declaration} & \head{Output}\\
   \midrule
   \verb|\textrm| & \verb|\rmfamily| & \rmfamily Example text\\
   \verb|\textsf| & \verb|\sffamily| & \sffamily Example text\\
   \verb|\texttt| & \verb|\ttfamily| & \ttfamily Example text\\
   \bottomrule[1.5pt]
\end{tabular}
```

（3）编译并查看输出，如图 6.8 所示。

Command	Declaration	Output
\textrm	\rmfamily	Example text
\textsf	\sffamily	Example text
\texttt	\ttfamily	Example text

图 6.8　拉伸后的表格

其中每一行都是一条规则，具体定义如下。

❑　\toprule[thickness]：用来在表格的顶部画一条水平线。如果需要的话，可以指定线的粗细，如 1pt 或 0.5mm。

❑　\midrule[thickness]：在表格的行与行之间画一条水平分隔线。

❑　\bottomrule[thickness]：在表格底部画一条水平线。

❑　\cmidrule[thickness](trim){m-n}：从第 m 列到第 n 列画一条水平线。(trim) 是可选的，和粗细一样，如用 (l) 或 (r) 修剪线的左端或右端，(lr) 可以修剪线的两端。还可以加上 {width}，如用 (l{10pt}) 指定修剪宽度。

booktabs 软件包没有定义垂直规则或垂线。并且，不建议使用垂线，也不建议使用双线，二者的排版风格不好。可以使用 \toprule 和其他没有可选参数的线条命令，接下来进行讨论。

6.3.5　调整长度

本章在 6.3.3 节中简要介绍了 \setlength 命令。这个命令与 \toprule、\midrule、\cmidrule 或 \bottomrule 不同，\setlength 不使用可选参数设置粗细，而是在序言中统一设置。

因此，在 usepackage{booktabs} 之后，可以写如下代码。

```
\setlength{\heavyrulewidth}{1.5pt}
```

现在，只是使用 \toprule 和 \bottomrule，而不使用参数，线的粗细就是 1.5pt。以下是可以在 booktabs 包使用的参数。

❑　\heavyrulewidth：顶部和底部线的粗细度。

❑　\lightrulewidth：用 \midrule 画出的中间线的粗细度。

❑　\cmidrulewidth：用 \cmidrule 画出的线的粗细度。

❑　\cmidrulekern：裁剪用 \cmidrule 画出的线。

❑　\abovetopsep：顶部线上方的空间，默认为 0pt。

❑　\belowbottomsep：底部线下面的空间，默认是 0pt。

❑ \aboverulesep：设置\midrule、\cmidrule 和\toprule 之上的空间。

❑ \belowrulesep：设置\midrule、\cmidrule 和\toprule 之下的空间。

可以尝试修改线条的粗细。尽管线条的长度已经有了合理的值，也可以进行修改。因此，序言中的设置对文档中的所有表格都生效。

6.3.6 在多列插入条目

我们可以通过共同的表头对同一主题的列进行分组。如果要这么做，可将表头中的两个单元格合并。此时可以使用\multicolumn 命令。

对于示例表格，命令和声明都是输入，剩下的一列是输出。将在表头中说明不同列的作用，步骤如下。

（1）在之前的示例中，插入另一个表头。使用*{3}l 生成三个左对齐的列。将@{}放在前后，以消除列间距。使用\multicolumn 合并单元格。修改列的格式化参数和规则。修改的内容见以下代码中的加粗行。

```
\begin{tabular}{@{}*{3}l@{}}
    \toprule[1.5pt]
    \multicolumn{2}{c}{\head{Input}} &
    \multicolumn{1}{c}{\head{Output}}\\
    \head{Command} & \head{Declaration} & \\
    \cmidrule(r){1-2}\cmidrule(l){3-3}
    \verb|\textrm| & \verb|\rmfamily| & \rmfamily Example text\\
    \verb|\textsf| & \verb|\sffamily| & \sffamily Example text\\
    \verb|\texttt| & \verb|\ttfamily| & \ttfamily Example text\\
    \bottomrule[1.5pt]
\end{tabular}
```

（2）编译并查看输出，如图 6.9 所示。

Input		Output
Command	Declaration	
\textrm	\rmfamily	Example text
\textsf	\sffamily	Example text
\texttt	\ttfamily	Example text

图 6.9 合并单元格后的表格

示例使用了两次\multicolumn 命令，一次是合并两个单元格，另一次只是为了合并一个单元格。首先看看它的定义。

```
\multicolumn{number of columns}{formatting options}{entry text}
```

number of columns 是正整数或者为 1。使用格式化选项，而不是该单元格的 tabular 定义中指定的选项。

利用\multicolumn{1}{c}{...}覆盖一列的 l 选项，用 c 使特定单元格实现居中。

另一个修改有关\cmidrule，使用它代替\midrule，再使用修剪参数，以获得输入列和输出列之间的间隙。

6.3.7　逐列插入代码

我们还想把多种字体命令添加到表中。在每个单元格中写入\verb|...|很烦琐。可以利用 array 包的>{...}功能定义列的条目样式。

修改 table 的定义，将输入列设置为打字机字体。同时在左侧插入列，用于表示命令类型，步骤如下。

（1）通过定义\normal 命令扩展示例的序言，使用\multicolumn 生成 1 单元格。

```
\documentclass{article}
\usepackage{array}
\usepackage{booktabs}
\newcommand{\head}[1]{\textnormal{\textbf{#1}}}
\newcommand{\normal}[1]{\multicolumn{1}{l}{#1}}
\begin{document}
```

（2）由于\verb 不能用于表头，使用\ttfamily 设置打字机字体。添加\textbackslash，这样就不用在单元格中重复长命令。使用*{2}>{...}将其插入两次。然后，在最后一列添加<{Example}以节省排版工作。

```
\begin{tabular}{@{}l*{2}{>{\ttfamily\textbackslash }l}l%
   <{Example text}@{}}
   \toprule[1.5pt]
   & \multicolumn{2}{c}{\head{Input}} &
   \multicolumn{1}{c}{\head{Output}}\\
```

（3）使用\normal 命令避免表头中的打字机样式。

```
& \normal{\head{Command}} & \normal{\head{Declaration}}
& \normal{}\\
\cmidrule(lr){2-3}\cmidrule(l){4-4}
```

（4）继续列出字体命令。

```
   Family & textrm & rmfamily & \rmfamily\\
```

```
    & textsf & sffamily & \sffamily\\
    & texttt & ttfamily & \ttfamily\\
    \bottomrule[1.5pt]
\end{tabular}
\end{document}
```

（5）编译并查看结果，如图 6.10 所示。

Family	Input		Output
	Command	Declaration	
	\textrm	\rmfamily	Example text
	\textsf	\sffamily	Example text
	\texttt	\ttfamily	Example text

图 6.10　带有列格式化命令的表格

使用>{textbackslash\ttfamily}l 定义左对齐的一行，其中每个条目前面都有一个反斜杠，并被切换为打字机字体。用*{2}{...}定义具有这种样式的两列。因为已经根据表格定义用<{...} 插入示例文本，所以只需要把声明放到没有文本的最后一列。

6.3.8　跨越多行的条目

现在已经知道如何将文本跨过多列，但如果要让文本跨过多行，该如何实现呢？LaTeX 并没有为此定义过命令。然而，可以使用 multirow 包。接下来就用 multirow 包合并单元格。

在完善字体表格之前，我们想将"Family"这个词垂直居中，也就是要将这个单元格横跨三行，步骤如下。

（1）在前面的示例中，加载 multirow 包。

```
\usepackage{multirow}
```

（2）将"Family"改为\multirow{3}{*}{Family}。

```
\multirow{3}{*}{Family} & textrm & rmfamily & \rmfamily\\
```

（3）编译后，查看输出，如图 6.11 所示。

	Input		Output
	Command	Declaration	
	\textrm	\rmfamily	Example text
Family	\textsf	\sffamily	Example text
	\texttt	\ttfamily	Example text

图 6.11　垂直合并的单元格

使用\multirow 命令跨越三行。其定义如下。

```
\multirow{number of rows}{width}{entry text}
```

该条目将从使用\multirow 的那一行开始,跨越 number of rows 数量的行。如果这个数字是负数,则将跨越上面的行。

可以指定宽度,或者直接用∗表示自然宽度。如果设置了宽度,LaTeX 会相应地包含文本。

multirow 可以接收更多的可选参数来进行微调。可参考文档 https://texdoc.org/pkg/multirow。

现在已经知道了如何创建表格,接下来学习如何添加表格标题。

6.4　添加表格标题

对于较长的文本,我们希望为表格添加表格标题和编号。给表格编号可以方便引用,而表格标题则可以增加信息,告诉读者该表格是关于什么的。LaTeX 有内置的添加表格标题功能。

继续完善表格,列出剩下的字体命令,使用第一列来描述字体命令的类别,包括字体、大小、形状等。然后,添加另一列展示组合字体命令的效果。最后使表格居中,并添加编号和表格标题。为此,我们添加 table 环境,在其中使用\centering 命令,并在 table 环境的最后插入\caption 命令。我们会添加更多的字体命令,并在右侧插入列,列中包含更多的示例。拆解步骤如下。

(1)使用 article 类新建文档,加载 array、booktabs 和 multirow 包。

```
\documentclass{article}
\usepackage{array}
\usepackage{booktabs}
\usepackage{multirow}
```

(2)定义用于格式化表格标题单元格的宏和用于普通单元格的宏,这些单元格是左对齐的。

```
\newcommand{\head}[1]{\textnormal{\textbf{#1}}}
\newcommand{\normal}[1]{\multicolumn{1}{l}{#1}}
```

(3)开始文档。

```
\begin{document}
```

（4）创建表格，将内容居中，并写入所有行。

```
\begin{table}
    \centering
    \begin{tabular}{@{}l*{2}{>{\textbackslash\ttfamily}l}%
    l<{Example text}l@{}}
        \toprule[1.5pt]
        & \multicolumn{2}{c}{\head{Input}}
        & \multicolumn{2}{c}{\head{Output}}\\
        & \normal{\head{Command}}
        & \normal{\head{Declaration}}
        & \normal{\head{Single use}} & \head{Combined}\\
        \cmidrule(lr){2-3}\cmidrule(l){4-5}
        \multirow{3}{*}{Family} & textrm & rmfamily
        & \rmfamily & \\
        & textsf & sffamily & \sffamily& \\
        & texttt & ttfamily & \ttfamily& \\
        \cmidrule(lr){2-3}\cmidrule(lr){4-4}
        \multirow{2}{1.1cm}{Weight} & textbf & bfseries
        & \bfseries
        & \multirow{2}{1.8cm}{\sffamily\bfseries Bold and sans-serif}\\
        & textmd & mdseries & \mdseries & \\
        \cmidrule(lr){2-3}\cmidrule(lr){4-4}
        \multirow{4}{*}{Shape} & textit & itshape
        & \itshape & \\
        & textsl & slshape & \slshape &
        \multirow{2}{1.8cm}{\sffamily\slshape Slanted and sans-serif}\\
        & textsc & scshape & \scshape & \\
        & textup & upshape & \upshape & \\
        \cmidrule(lr){2-3}\cmidrule(lr){4-4}
        Default & textnormal & normalfont & \normalfont & \\
        \bottomrule[1.5pt]
    \end{tabular}
    \caption{\LaTeX\ font selection}
\end{table}
```

（5）结束该文档。

```
\end{document}
```

（6）编译，查看最终的表格，如图 6.12 所示。

	Input		Output	
	Command	Declaration	Single use	Combined
Family	\textrm	\rmfamily	Example text	
	\textsf	\sffamily	Example text	
	\texttt	\ttfamily	Example text	
Weight	\textbf	\bfseries	**Example text**	**Bold and**
	\textmd	\mdseries	Example text	**sans-serif**
Shape	\textit	\itshape	*Example text*	
	\textsl	\slshape	*Example text*	*Slanted and*
	\textsc	\scshape	EXAMPLE TEXT	*sans-serif*
	\textup	\upshape	Example text	
Default	\textnormal	\normalfont	Example text	

Table 1: LaTeX font selection

图 6.12　带有表格标题的表格

把 tabular 环境嵌入 table 环境中, 它与 \caption 命令一起以如下方式使用。

```
\begin{table}[placement options]
table body
\caption{table title}
\end{table}
```

table 是一个浮动环境, 和第 5 章中的 figure 环境一样。与普通文本不同, 它们可能出现在源代码中的位置所定义的位置之外。可选参数 placement 决定表格可能出现的位置。然而, LaTeX 将表格插到文本中, 以实现良好的分页效果, 避免在页尾有太多留白。上一章讨论图片位置时, 讨论了浮动环境, 这里也同样适用 placement 参数。和图片一样, \begin{table}[htbp!] 是最灵活的选项。

\caption 也能接收一个可选参数。如果使用 \caption[shorttext]{longtext}, 则短文本将出现在表格的列表中, 而长文本则出现在文档正文中。如果需要很长的描述性标题, 这很有用。

表格是自动编号的, 接下来两节介绍定位和格式问题。

6.4.1　在表格上方添加表格标题

在排版中, 将标题放在表格上方而不是下方很常见。可以通过在表格主体之前写入 \caption 实现。然而, LaTeX 希望标题位于表格下方, 这样会使表格看起来很拥挤, 标题和随后的表格之间的空间太小。因此, 你可能希望增加一些空间, 如在顶部标题之后输入 \vspace{10pt}。

前面介绍过 booktabs 包，如果用\toprule 开始表格，只需指定\toprule 长度，示例如下。

```
\setlength{\abovetopsep}{10pt}
```

将这一行代码放到序言中，将向标题下方和表格上方添加 10pt 的空间。

6.4.2 定制表格标题

默认情况下，表格标题看起来和普通正文一样，没有外观区别。如果需要修改标题字体大小、格式化标签、修改边距或缩进，可以使用 caption 包。

通过使用一些选项，可以定制标题的外观，操作如下。

```
\usepackage[font=small,labelfont=bf,margin=1cm]{caption}
```

通过上面的设置，标题文本就比普通文本小。编号是粗体的，而且不会像普通文本那样宽。caption 包提供了很多功能，包括全文档设置和微调。它的文档非常完善，可以访问地址 https://texdoc.org/pkg/caption，或者在命令行输入 texdoccaption。

有各种用于表格版式和外观的包。在下一节，我们将学习这些包。

6.5 使用软件包进行自定义

在排版表格时，可能要进行更多修改，如调整列宽、在表格内分页、调整颜色、旋转表格，以及获得特定的对齐方式。在下面的章节中，我们将学习实现这些功能的软件包。

在 https://latexguide.org/tables 中，可以找到以下各节的示例表格和文档链接。

6.5.1 使列自动适应表格宽度

l、c 和 r 列具有其内容的宽度。对于 p 列，需要指定宽度，但这样就很难确定表格的实际宽度。指定表格宽度，让 LaTeX 决定列的宽度，更为可取。tabularx 软件包实现了这个功能。它的使用方法如下。

```
\usepackage{tabularx}
...
\begin{tabularx}{width}{column specifiers}
```

```
...
\end{tabularx}
```

新的 `tabularx` 环境需要一个额外参数，即表格的 `width`。它引入了一种新的列类型 X，与 p 列类似，但 X 列会占用所有的可用空间。如果使用几个 X 列，它们将平均分享空间。因此，你可以这样写，内容如下。

```
\begin{tabularx}{0.6\textwidth}{lcX}
```

这样，就能得到一个占据文本宽度 60%的表格。一个左对齐的列和一个居中的列，宽度与文本一样，还有一个尽可能宽的段落列，宽度达到表格的 60%。

`tabularx` 文档给出了更多的示例，展示了多个派生类型，并给出了一些建议，如不要让\multicolumn 条目跨越任何 X 列。若想了解更多内容，请阅读文档。https://texdoc.org/ pkg/tabularx 或在命令行中输入 `texdoctabularx`。

还有两种类似的方法。

❑　LaTeX 提供了一个加星号的 `tabular` 环境。

```
\begin{tabular*}{width}[position]{column specifiers}
```

表格可通过修改列间空间来调整宽度，它的设计初衷是以更便利的方式进行修改。

❑　`tabulary` 软件包提供了另一个复杂的 `tabular` 环境，以占用表格的总宽度。它根据该列中最宽的单元格的自然宽度对每一列的宽度进行加权。

`tabularx` 软件包非常适合根据文本宽度调整表格宽度。

6.5.2　生成多页表格

到目前为止，我们接触的所有表格环境都不能跨页。如果需要让表格跨越多页，可以使用 `tabbing` 环境。

由于表格可能包含大量数据，我们可以使用下面的软件包。

❑　`longtable` 提供了一个同名的环境，类似多页版的 `tabular`。它提供了一系列命令，可设置表格标题、续页标题，以及发生分页时的特殊页眉和页脚。这可能是生成多页表格最简单的方法，因此最受欢迎。它的文档也很详细。与 `booktabs` 结合起来，就能得到不错的效果。

❑　`ltxtable` 是 `longtable` 和 `tabularx` 的结合。

❑　`ltablex` 是另一种方法，它结合了 `longtable` 和 `tabularx` 的功能。

❑　`supertabular` 提供了 `tabular` 环境的多页扩展，它能在出现分页时提供可选的表尾和表头，推荐用于双栏式文档。

❑ xtab 扩展了 supertabular，并进行了增强。

❑ stabular 实现了在 tabular 中使用分页符的简便方法。

接下来，我们学习如何为表格添加颜色。

6.5.3 为表格添加颜色

我们没有给文本着色，因为这通常不是在 LaTeX 中首要的工作。当然，除了文本，我们还可以给表格添加颜色。要为文本着色，可以使用 color 包，或者使用 xcolor 包。要为表格着色，可使用 colortbl 包。可以用下面的方法组合这些包。

```
\usepackage[table]{xcolor}
```

这些包可以通过多种方式为列、行、单项和多行着色。更多使用方法请查看文档。

6.5.4 排列方向

可以在横向上排版非常宽的表格。rotating 包提供了 sidewaystable 环境，可以用它代替 table 环境。

表格和标题都能旋转+/-90°，并且在不同的页面上排版。该软件包提供了更多与旋转相关的环境和命令。

6.5.5 在小数点处进行对齐

若要使包含数字的列具有更好的可读性，可使条目在小数点或指数位置对齐。可使用如下软件包。

❑ siunitx 的作用是根据科学记数法，以一致的方式排版带有单位的数值，它专门为十进制数字对齐提供了表格列的类型。

❑ dcolumn 提供了一种列类型，用于在逗号、句号或其他单字符位置对齐。

❑ rccol 定义了一种列的类型，其中的数字是"右居中"的，即数字与其他条目居中，但向右移动。如此一来，相应的数字就会沿着列的方向排列。

与 dcolumn 和 rccol 相比，siunitx 软件包较新且功能非常强大。

6.5.6 处理窄列

在非常窄的列中，对齐文本需要特别注意，这是因为小空间不利于对齐文本。以下是一些建议。

❑ 使用正确的连字符。如果有必要，就像第 2 章中所做的进行改进。TeX 不给行、
文本框或表条目的第一个词加连字符。因此，长单词可能会跨过列的边界。要
使用连字符，可在行首插入空词，如在行首写入\hspace{0pt}。

❑ 加载 microtype，以改善对齐，它在窄列中有不错的效果。

❑ 在 p 列及类似列中的全对齐可能会因为存在较大空隙，从而影响外观。可以在
这些列中使用>{raggedright/arraybackslash}。

❑ 使用 ragged2e 软件包中的\RaggedRight 命令可以得到更好的效果，而且不
需要\arraybackslash。

使用这些建议，可调整文本的间隙。

6.6　总　　结

在本章中，我们学习了如何创建表格，将文本插入列、为表格添加标题、跨越列和
行、使用包自动调整列、为表格着色、旋转，以及创建多页表格。

可以通过在命令行运行 texdoc packagename 命令查看文档，也可访问软件包的
文档 https://texdoc.org/pkg/packagename。

LaTeX 可以生成像目录一样的表格列表。我们将在第 8 章讨论这个问题。

与图片类似，LaTeX 会对表格自动编号，并可以使用这些编号引用表格。第 7 章将
专门讨论引用问题。

第 7 章　交　叉　引　用

文档中包含许多带有编号的内容，如页码、章节、列表项、图片和表格。还有一些没有列出，如带有编号的数学公式、定理、定义等。

对文档编号，不仅是为了计数，也是为了在文档的其他位置进行引用。例如，在本章中，如果要引用第三张图，就可以说"如图 7.3 所示"，LaTeX 会自动列出图片。如果插入另一张图，LaTeX 会自动调整该图后的所有编号。对于参考文献，LaTeX 也可以处理所有交叉引用，这是本章的重点。

在本章中，我们将学习以下内容：
- ❏　设置标签和引用。
- ❏　使用高级引用。
- ❏　引用其他文档中的标签。
- ❏　将参考文献转换为超链接。

以下章节依次进行讲解。

7.1　技　术　要　求

可以使用本地的 LaTeX，或者在线编译所有示例，地址是 `https://latexguide.org/chapter-07`。

本章代码可从 GitHub 获取，地址是 `https://github.com/PacktPublishing/LaTeX-Beginner-s-Guide-2nd-Edition-/tree/main/Chapter_07_-_Using_Cross-References`。

本章将使用的 LaTeX 软件包是 `cleveref` 和 `varioref`。

同时还会学习这些包：`fancyref`、`hyperref` 和 `xr`。

7.2　设置标签和引用

为了能够引用特定位置，必须用标签进行标记。该标签的名称将用于随后的引用。

现在，我们将根据 `https://latex.org` 上的一项调查，列出最常用的论文软件包列表。通过\label 命令，我们将标记一些项目，然后用\ref 命令引用，步骤如下。

（1）新建一个 book 文档。

```
\documentclass{book}
\begin{document}
```

（2）新建一章和一节，并为这一节贴上标签。

```
\chapter{Statistics}
\section{Most used packages by LaTeX.org users}
\label{sec:packages}
```

（3）继续写一些文字，插入脚注。

```
The Top Five packages, used by LaTeX.org
members\footnote{according to the 2021 survey on
LaTeX.org\label{fn:project}}:
```

（4）插入有序列表，并在其中一些项目上贴上标签，以便引用。

```
\begin{enumerate}
    \item graphicx\label{item:graphicx}
    \item babel
    \item amsmath\label{item:amsmath}
    \item geometry
    \item hyperref
\end{enumerate}
```

（5）再新建一章，并添加标签。

```
\chapter{Mathematics}
\label{maths}
```

（6）再插入一些文字，并插入引用。

```
\emph{amsmath}, on position \ref{item:amsmath}
of the top list in section~\ref{sec:packages} on
page~\pageref{sec:packages}, is indispensable to
high-quality mathematical typesetting in \LaTeX.
\emph{graphicx}, on position \ref{item:graphicx},
is for including images. See also the footnote
\ref{fn:project} on page~\pageref{fn:project}.
\end{document}
```

（7）单击“排版”按钮，查看输出，如图 7.1 所示。可以看到，这一页包含标题和列表。

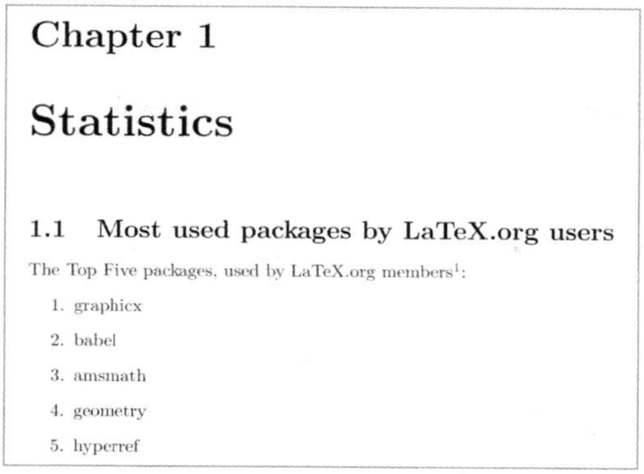

图 7.1　第 1 章的排版效果

第 1 页末尾是脚注，如图 7.2 所示。

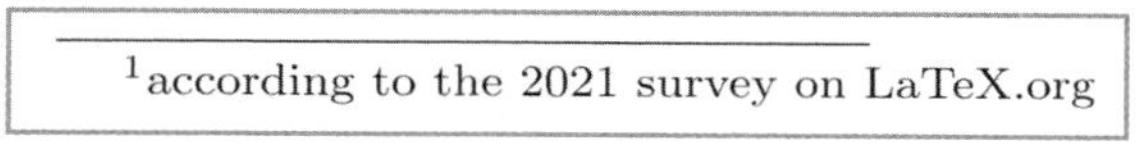

图 7.2　脚注

第 2 页是空白，因为第 2 章位于右侧页面，也就是第 3 页，如图 7.3 所示。

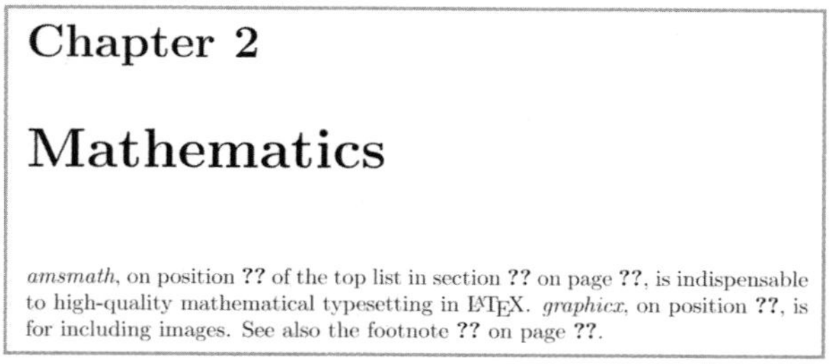

图 7.3　未解析的引用

（8）图 7.3 中的问号说明引用参考文献不对，再次编译并比较差异，如图 7.4 所示。

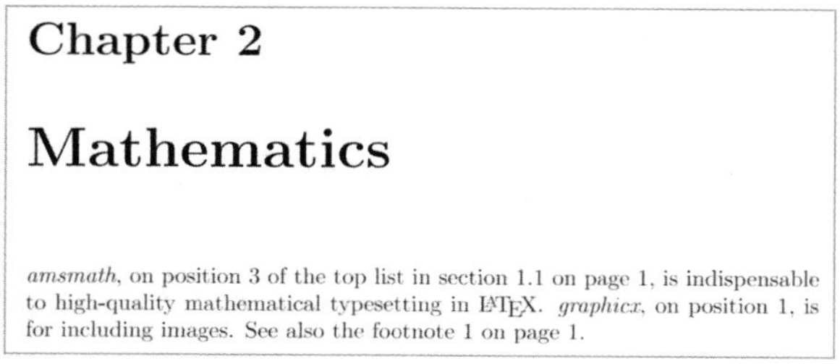

图 7.4　已解析的引用

这个示例仅用以下三个命令就创建了交叉引用。

❑　\label：标记位置。

❑　\ref：打印编号。

❑　\pageref：打印页码。

每个命令都以元素的名称作为参数，可以选择任何名称。

我们必须编译两次，因为 LaTeX 需要运行第一次来生成引用，在第二次编译器运行时读取引用。如果 LaTeX 不能解析引用，就会打印两个问号。

接下来，我们学习如何创建锚定标签，以及它的用法。

7.2.1　标签赋值

label{name}命令将当前的位置赋值给 name 标签。它具体完成了如下工作。

❑　如果\label 命令出现在普通文本中，则将当前的章节进行赋值。

❑　如果\label 命令位于有编号的环境中，则将该环境赋值给该标签。

所以，不能在 table 环境内给小节打标签，以避免因为位置发生错误引发赋值错误。最好将\label 命令放在想要引用的位置之后。例如，将\label 放在\chapter 或\section 之后。

在 figure 或 table 环境中，\caption 负责编号，这就是为什么\label 必须放在\caption 之后。

因此，在典型的浮动环境中，应使用以下代码。

```
\begin{figure}[htbp!]
\centering
\includegraphics{filename}
\caption{Test figure}\label{fig:name}
\end{figure}
```

或者，对于表格，也可以使用如下方法。

```
\begin{table}[htbp!]
\centering
\caption{table descripion}\label{tab:name}
\begin{tabular}{cc}
…
\end{tabular}
\end{table}
```

标签名可能包含字母、数字或标点符号。另外，标签名是区分大小写的。

如果文档较长，标签的数量可能非常多。如果文档的某小节中既有多种字体，也有字体表格，此时该如何区分标签？可以在不同内容之前加上不同类型的环境。另外，用 fig:name 为图片贴标签、用 tab:name 为表格贴标签、用 sec:name 为章节贴标签，也是非常普遍的。

在接下来的章节中，我们将学习多种引用标签的方法。

7.2.2 引用标签

一旦设置好了标签，并给它命名之后，就可以使用\ref{name}命令引用它了。这个命令可以打印出属于 name 的编号。甚至可以在代码中出现相应的\label 命令之前使用它。

\ref{name}命令功能强大，语法却很简单。每次编译文档时，LaTeX 都会检查标签并重新分配编号，对所有的变动做修改。一旦发现标签有变动，LaTeX 就会通知用户需要第二次编译，以更新相应的标签。

7.2.3 引用页面

\pageref{name}命令的用法与\ref 类似，区别是它打印的是页码。

如果我们改变章节和页码，所有参考文献是否会出问题呢？我们来测试一下。在章首插入一节和一个分页符，具体如以下加粗代码。

```
\chapter{Statistics}
\section{Introduction}
\newpage
\section{Most used packages by LaTeX.org users}
\label{sec:packages}
```

单击"排版"按钮，LaTeX 开始编译，但会显示一条警告信息。

```
LaTeX Warning: Label(s) may have changed. Rerun to get cross-references
right.
```

所以，需要进行第二次编译。再次编译后，如图 7.5 所示，所有编号就修改正确了，调整为 1.2 节和第 2 页。

amsmath, on position 3 of the top list in section 1.2 on page 2, is indispensable to high-quality mathematical typesetting in LaTeX. *graphicx*, on position 1, is for including images. See also the footnote 1 on page 2.

图 7.5 自动调整后的引用

连同使用页码引用，方法如下。

```
See figure~\ref{fig:name} on page~\pageref{fig:name}.
```

前面学过了命令的定义方式，可以用如下方法使用引用会更加简单。

```
\newcommand{\fullref}[1]{\ref{#1} on page~\pageref{#1}}
…
See figure~\fullref{fig:name}.
```

如此就能得到完整的引用，例如"如第 32 页的图 4.2 所示"。但是，如果引用的图片出现在同一页上，标出页码就不太好。为了避免这种情况，varioref 包专门提供了方法。下一节的高级引用方法中将对此进行讲解。

7.3　使用高级引用

LaTeX 中有多种实现引用自动化的方法，不仅仅限于编号。LaTeX 甚至可以实现名称和词语的自动化。本节深入探讨这些问题。

7.3.1　生成智能页面引用

varioref 包提供了命令，能根据上下文为引用添加"前一页"、"后一页"或确切的页码。

我们将使用 varioref 命令引入变量引用\vref 和\vpageref，以实现功能更强的引用，步骤如下。

（1）打开 7.2 节的示例。在序言中添加 varioref 包。使用 nospace 包选项，它可以确保 varioref 不在引用前后插入多余的空间。

```
\usepackage[nospace]{varioref}
```

（2）在示例代码中编辑第 2 章的内容。

```
\emph{amsmath}, on position \vref{item:amsmath}
of the top list in section~\vref{sec:packages},
is indispensable to high-quality mathematical
typesetting in \LaTeX. \emph{graphicx}, on position
\vref{item:graphicx}, is for including images.
See also the footnote \vref{fn:project}, that is,
\vpageref{fn:project}.
```

（3）编译两次，查看结果，如图 7.6 所示。

> *amsmath*, on position 3 on the facing page of the top list in section 1.2 on the preceding page, is indispensable to high-quality mathematical typesetting in LᴬTᴇX. *graphicx*, on position 1 on the facing page, is for including images. See also the footnote 1 on the preceding page, that is, on the facing page.

图 7.6　位于页面底部的图片

\vref 命令检查了被引用小节到标签的距离。由于标签位于双面版式的前一页，所以\vref 使用的是"前一页（the preceding page）"。

\vpageref 引用的是段落末尾的对面。

\vref{name}的效果如下。

❑ 如果引用和\label{name}位于同一页面，则它的效果与\ref 相同，不会打印出页码。

❑ 如果引用和相应的\label 位于两个连续的页面上，\vref 除了会打印引用的编号，还会显示"前一页（*preceding page*）"、"后一页（*following page*）"或"对面页（*facing page*）"。如果文档是双面的，即如果\label 和引用位于展开后的相邻页面上，将会使用"对面页"。

❑ 否则，将同时打印\ref 和\pageref。

\vpageref 等同于\pageref，但其页面的引用方式与\vref 类似。

varioref 能在不同的表达方式之间切换，使文字具有一定变化。例如，它可以使用"*following page*"或"*next page*"、"*preceding page*"或"*previous page*"、"*this page*"或"*current page*"。而在双页版式中，varioref 会使用"*facing page*"、"*preceding page*"、"*next page*"。通过这样的变化，文本读起来就更自然了。读者可以在图 7.6 中看到不同的表达方式。

即使 varioref 定义了新的命令，用户仍然可以使用标准的\ref 和\pageref 命令。

7.3.2　微调页面引用

如果标签和引用非常接近，它们可能会位于同一页上。在这种情况下，我们通常知道标签是在引用之前还是之后。varioref 允许指定一个可选的参数给\vpageref，代码如下。

```
see the figure \vpageref[above]{fig:name}
```

这将打印出以下内容。

❑ *see the figure above*，如果图片和引用在同一页上。

❑　*see the figure on the page before*，如果图片位于前一页。

使用下面的代码，会得到不同的输出。

```
see the footnote \vpageref[below]{fn:name}
```

它将打印出以下内容。

❑　*see the footnote below*，如果脚注和引用在同一页上。

❑　*see the footnote on the following page*，如果脚注位于下一页。

\vpageref 接收两个可选参数。在第一个可选参数中，如果标签和引用位于同一页，我们可以指定表达短语。而在第二个可选参数中，我们可以为标签和引用位于不同页面的情况指定表达短语。因此，可以使用如下代码。

```
see the \vpageref[above figure][figure]{fig:name}
```

这将打印出以下内容。

❑　*see the above figure*，如果图片和引用在同一页上。

❑　*see the figure on the previous page*，如果图片位于前一页。

之所以有这些不同的表示方法，是为了满足人们的不同需求。

7.3.3　引用页面范围

varioref 还提供了两个命令。

❑　\vpagerefrange[opt]{label1}{label2}：其中 label1 和 label2 表示一个范围（例如从 fig:a 到 fig:c 的图片序列）。如果两个标签位于同一页上，则结果与\vpageref 相同。否则，输出将是范围，如 "on pages 32-36"（第 32～36 页）。如果两个标签都在当前页上，将使用 opt。

❑　\vrefrange[opt]{label1}{label2} 与 \vref 类似："see figures \vrefrange{fig:a}{fig:c}" 的输出可能是 "see figures 4.2 to 4.4 on pages 36-37"。

访问 https://latexguide. org/chapter-07，可查看更多示例。

可以在软件包手册中找到更多关于自定义的内容。和之前一样，你可以在命令提示符下输入 texdoc varioref 或访问 https://texdoc.org/pkg/varioref。

7.3.4　使用自动引用名称

如果不愿意重复使用 figure~\ref{fig:name}和 table~\ref{tab:name}，

有什么好办法吗？如果 **LaTeX** 能知道\ref{name}引用的是什么类型，并自动写出类型名称和编号，这样就完美了。如果我们想在整篇文档中使用缩写，如 fig.~ref{fig:name}，该怎么办呢？此时，可使用 cleverev 软件包。它能自动确定交叉引用的类型和使用的环境。

你可以用\cref 或\Cref 代替\ref。如果需要使用大写，就选择后者。相应的范围命令是\crefrange 和\Crefrange。

用 cleveref 重写第一个示例。为了验证 cleveref 包的作用，我们故意省略\label 和\cref 的标签名称中的前缀，步骤如下。

（1）使用如下加粗代码修改本章的第一个示例。

```
\documentclass{book}
\usepackage{cleveref}
\crefname{enumi}{position}{positions}
\begin{document}
\chapter{Statistics}
\label{stats}
\section{Most used packages by LaTeX.org users}
\label{packages}
The Top Five packages, used by LaTeX.org
members\footnote{according to the 2021 survey on
LaTeX.org\label{project}}:
\begin{enumerate}
    \item graphicx\label{graphicx}
    \item babel
    \item amsmath\label{amsmath}
    \item geometry
    \item hyperref
\end{enumerate}
\chapter{Mathematics}
\label{maths}
\emph{amsmath}, on \cref{amsmath} of the top list in
\cref{packages} of \cref{stats}, is indispensable to
high-quality mathematical typesetting in \LaTeX.
\emph{graphicx}, on \cref{graphicx}, is for
including images.
See also the \cref{project} on \cpageref{project}.
\end{document}
```

（2）进行两次排版，如图 7.7 所示，检查引用是否正确。

> *amsmath*, on position 3 of the top list in section 1.1 of chapter 1, is indispensable
> to high-quality mathematical typesetting in LATEX. *graphicx*, on position 1, is
> for including images. See also the footnote 1 on page 1.

图 7.7　自动引用

正如输出所示，不需要指定引用的是哪个对象。\cref 会选择正确的名称和正确的编号，非常方便。

可以使用\crefname 命令指示 cleveref 使用什么名字。\crefname 的定义如下。

```
\crefname{type}{singular}{plural}
```

type 可以是 chapter、section、figure、table、enumi、equation、theorem 中的一种，也可以是其他类型。对于单数和复数引用，crefname 命令有单数和复数的版本。如果需要使用大写，使用\Crefname。因此，常见用法如下。

```
\crefname{figure}{fig.}{figs.}
\Crefname{figure}{Fig.}{Figs.}
```

和之前一样，我们可以使用以下命令进行范围引用。

❑　\crefrange{label1}{label2}：引用一个范围的引用。

❑　\cpagerefrange{label1}{label2}：引用一个页面范围。

我们再演示一个示例。将以下代码添加到示例中。

```
See \crefrange{graphicx}{amsmath} and \cpagerefrange{stats} {maths}.
```

它的输出是：*See positions 1 to 3 and pages 1 to 3*。

自动引用的优势如下。

❑　节省了大量输入工作。

❑　可以使用任意标签。fancyref 包也做了类似的工作，但它依赖于前缀，如 chap、fig 和 tab。

❑　如果想修改措辞，只需在序言中做一次修改，就能修改通篇文档。

然而还是建议使用前缀，如用 fig:或 sec:区分被引用对象的种类。因为这样代码会变得更容易理解，这样做也更常见。

7.3.5　将智能引用与自动命名相结合

由于 cleveref 完全支持 varioref，因此可以同时使用它们，以获得最大的收益。cleveref 重新定义了 varioref 的命令以在其内部使用\cref。因此，可以将 varioref 的页面引用功能与自动化命名结合使用。

只需在 cleveref 之前加载 varioref，代码如下。

```
\usepackage{varioref}
\usepackage{cleveref}
```

现在就可以使用\vref、\cref、\ref 或其他适宜的命令。

虽然 varioref 可以实现文档内引用，但我们还需要引用其他文档中的页面、章节等。下一节进行讲解。

7.4　引用其他文档中的标签

如果你有几篇相互引用的相关文档，你可能想对另一篇文档的标签进行引用。xr（external reference 的简写）包实现了这个功能。首先，加载 xr 包。

```
\usepackage{xr}
```

如果需要引用外部文档中的章节或环境，如 doc.tex，则在序言中插入以下命令。

```
\externaldocument{doc}
```

这使你能引用任何在 doc.tex 中具有标签的内容。对于多个文档，也可以这样做。为了避免在外部文档使用与主文档相同的\label 时发生冲突，可以使用\externaldocument 的可选参数声明并添加前缀。例如，我们可以使用 D-作为前缀。

```
\externaldocument[D-]{doc}
```

这样一来，所有来自 doc.tex 的引用都会以 D-作为前缀，可以用\ref{D-name}引用 doc.tex 中的 name。可以使用任意前缀替代 D-，以使标签是唯一的。

在下一节中，我们将学习使引用变成可点击的，单击引用就能跳转到标签对象。

7.5　将引用变成超链接

PDF 文档提供书签和超链接功能。hyperref 软件包提供了十分强大的超链接支持。

在 cleveref 之前加载 hyperref。这个顺序对引用至关重要，因为 cleveref 会检测 hyperref 是否已经加载，并使引用成为超链接。即使没有任何选项或命令，文档也会尽可能转换为超链接，具体如下。

❑　所有引用都变为超链接。单击任意编号，就可以跳转到引用的表格、列表项、章节或页面。

❑　每个脚注标记都是脚注文本的超链接，单击即可进行跳转。

❑　如果插入\tableofcontents，将得到文档的书签列表，可在 PDF 阅读器的导航栏列出文档的各章节。

hyperref 还可以实现更多操作，如将索引条目与文本段落连接起来、对参考文献进行反向引用等。可以使用选项进行自定义，如修改超链接的颜色或线框。所以，掌握 hyperref 的用法很有必要。在第 12 章中，我们会再次讨论 hyperref。

一方面，hyperref 可以检测到许多其他软件包，如 varioref，并且可以将它们的命令变成超链接。这就是为什么应该在大多数其他软件包之后加载 hyperref。另一方面，一些特殊的软件包，如 cleveref，可以检测到 hyperref 的功能并基于这些功能开发新功能。在这种情况下，我们应该在 hyperref 之后加载这些包。因此，如果结合使用 varioref、cleveref 和 hyperref，软件包的加载顺序应该如下所示。

```
\usepackage[nospace]{varioref}
\usepackage{hyperref}
\usepackage{cleveref}
```

hyperref 软件包手册中有一整节专门讲解 hyperref 与其他软件包的兼容性和加载顺序。通过在命令提示符输入 texdoc hyperref 打开手册，或者访问 https://texdoc.org/pkg/hyperref。大多数情况下，hyperref 应该最后加载的，但手册中也提到了一些例外情况。

7.6　总　　结

在这一章中，我们学习了如何通过编号或相应页面的编号来引用章、节、脚注和环境。

使用标签进行引用，我们不需要自己指定编号。LaTeX 为我们确定了页面、章节、脚注或环境的正确编号。

我们还学习了如何根据上下文进行引用的方法。

在下一章中，我们将处理列表，列表主要由各种引用构成，包括目录、图片列表、表格列表，以及参考文献。

第 8 章 目录和引用

在 LaTeX 中创建各种列表非常容易。例如，我们已经知道，只需简单的\tableofcontents 命令就可以创建出漂亮的目录。目录获取各个标题的条目及其所在页面的页码，以生成列表。

目录（Table of Contents，TOC）和索引对于书内导航非常有用。表格列表和图片列表同样很有帮助。通常，学术论文或书籍需要引用文献的参考文献列表。学习完本章后，你将了解如何创建这些列表及如何自定义列表。本章涵盖以下主题。

- ❑ 自定义目录。
- ❑ 生成索引。
- ❑ 创建参考文献。
- ❑ 修改标题。

我们从目录开始学习。

8.1 技术要求

读者可以使用本地的 LaTeX，也可以在线编译示例代码，网址为 https://latexguide.org/chapter-08。

本章代码可从 GitHub 获取，地址是 https://github.com/PacktPublishing/LaTeX-Beginner-s-Guide-2nd-Edition-/tree/main/Chapter_08_-_Listing_Contents_and_References。

本章将使用 LaTeX 标准功能和 index 包。

我们还会学习这些包：biblatex、cite、hyperref、makeidx、minitoc、multitoc、natbib、titlesec、titletoc、tocbibind、tocloft 和 url。

读者可以在 *LaTeX Cookbook* 一书的第 7 章 "目录、索引和参考文献" 中找到相关示例，示例代码可在书籍网站（https://latex-cookbook.net/chapter-7）上查看。

8.2　自定义目录

除了简单调用\tableofcontents 获取设计好的目录，LaTeX 还提供了修改目录的基本方法。让我们尝试一下。

我们创建一个用于自定义的文档，并且它也将是接下来几节的示例。

我们创建出文档的框架，其中包含一些标题，并修改自动生成的目录，使其更加细致并包含额外的条目。

在第 3 章中，我们看到了\tableofcontents 的效果。LaTeX 能从标题中收集条目，以生成目录。在这个示例中，我们使用的最深级别是次小节标题。

然后，我们将进一步拓展目录，手动添加一些标题条目。让我们从基础文档开始。

（1）新建一个 book 文档。

```
\documentclass{book}
```

（2）将目录的深度值设置为 3，以包含直至次小节级别的标题。

```
\setcounter{tocdepth}{3}
```

（3）开始文档。

```
\begin{document}
```

（4）在开头打印目录。

```
\tableofcontents
```

（5）编写各级标题。使用\addcontentsline 或\addtocontents，手动将内容添加到目录中。

```
\part{First Part}
\chapter*{Preface}
\addcontentsline{toc}{chapter}{Preface}
\chapter{First main chapter}
\section{A section}
\section{Another section}
\subsection{A smaller section}
\subsubsection[Deeper level]{This section has an even deeper level}
\chapter{Second main chapter}
\part{Second part}
\chapter{Third main chapter}
```

（6）最后添加一个带有章节的附录。

```
\appendix
\cleardoublepage
\addtocontents{toc}{\bigskip}
\addcontentsline{toc}{part}{Appendix}
\chapter{Glossary}
\chapter{Symbols}
\end{document}
```

（7）单击"排版"按钮进行编译。第一页将展示目录，不过没有条目。

（8）再次单击"排版"按钮。现在就可以看到目录了，如图 8.1 所示。

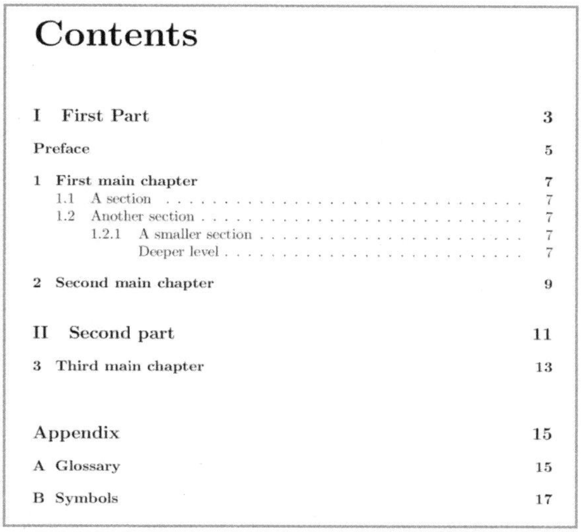

图 8.1　目录示例

我们使用了若干分节命令来创建文档。LaTeX 在第一次运行时读取了所有分节命令，并创建了扩展名为 .toc 的文件。该文件包含所有目录项的命令和标题。在第一次运行时，该文件尚不存在，因此目录为空。

在第二次运行时，\tableofcontents 命令读取 .toc 文件并打印目录。

在本例中，我们将目录深度提高了一级，为前言添加了类似于章节的条目，并使用 \addcontentsline 插入了部分标题，展示了附录的开头。通过 \addtocontents，我们在附录标题之前插入了一些空白。在接下来的几节中，我们将详细介绍这些命令，并学习更多自定义的内容。

8.2.1　调整目录深度

标准小节命令及其目录层级如下。

- ❑　\part：在 book 和 report 类中为-1，在 article 类中为 0。
- ❑　\chapter：0（不包括 article 类，因为 article 中没有章节）。
- ❑　\section：1。
- ❑　\subsection：2。
- ❑　\subsubsection：3。
- ❑　\paragraph：4。
- ❑　\subparagraph：5。

在 book 和 report 类中，LaTeX 会创建到第 2 级，即\subsection 层级的目录。在 article 类中，默认情况下 LaTeX 会创建到第 3 级，即\subsubsection 层级的目录。对于书，这意味着\subsubsection 不会生成目录条目。有一个表示目录深度的变量，即\tocdepth。它是一个整数变量，我们称之为计数器。为了指示 LaTeX 在目录中展示子节，需要提高\tocdepth 的值。有两种基本方法可以调整该值。

- ❑　\setcounter{name}{n}指定计数器 name 的整数值为 n。
- ❑　\addtocounter{name}{n}将计数器 name 的整数值增加 n。要减少计数器的值，使用负值。

因此，使用下面的代码可确保\subparagraph 也能生成目录条目。

```
\setcounter{tocdepth}{5}
```

使用\addcounter，可以在不知道条目编号的情况下提高或降低级别。与命令不同，计数器名称不以反斜杠开头。

8.2.2　缩短条目

第 3 章中介绍过，可以为目录选择不同于正文标题的文本。每个分节命令都可接收一个可选参数用于目录条目，它对非常长的标题特别有用。但是，最好使用较短的目录条目。在示例中，我们通过以下命令缩短条目。

```
\subsubsection[Deeper level]{This section has an even deeper level}
```

正文中展示长标题，而目录中展示短标题。在页面顶部的标题，称为页眉标题，也将使用短条目，因为页眉中的空间非常有限。

8.2.3　手动添加条目

星号命令（如\chapter*和\section*）不生成目录条目。在示例中，我们使用以下命令手动实现目录条目。

`\addcontentsline{file extension}{sectional unit}{text}`

我们可以在多种上下文中使用此命令。文件扩展名可以是以下之一。

- ❑　toc：用于目录文件。
- ❑　lof：用于图片列表文件。
- ❑　lot：用于表格列表文件。

或者，扩展名可以是 LaTeX 已知的任意文件类型的扩展名。

sectional unit 决定了条目的格式。它使章节创建出格式类似常规章节条目的条目，其他分节单元（如 part、section 或 subsection）也是如此。

第三个参数包含条目的 text。

可以使用以下命令直接插入文本或命令。

`\addtocontents{file extension}{entry}`

与\addcontentsline 不同，条目参数会直接写入文件，不需要任何其他格式。可以选择任何喜欢的格式。

我们还可以使用\addtocontents 命令进行一些自定义，具体如下。

- ❑　\addtocontents{toc}{\protect\enlargethispage{\baselineskip}}：扩展文本高度，使目录页扩展行高。
- ❑　\addtocontents{toc}{\protect\newpage}：在目录中进行分页。例如，如果自动分页发生在章条目之后、节条目之前，就可以在章条目之前就强制分页。
- ❑　\addtocontents{toc}{\protect\thispagestyle{fancy}}：将当前目录页的页眉样式更改为 fancy。由于每章第一页默认为 plain 样式，即使指定了\pagestyle{fancy}，目录的第一页也是 plain 样式。此时，如果要修改目录的样式，可使用\addtocontents{toc}{\protect\thispagestyle{fancy}}命令进行覆盖。

将这些命令插入生效的位置。如果要修改目录首页，需要将其放在文档开头。要在特定章之前进行分页，需要将其放在相应的\chapter 调用之前。

8.2.4　创建并自定义图片列表

第 5 章和第 6 章中简要介绍过，用于创建图片和表格列表的两个命令是 \listoffigures 和 \listoftables。根据不同的文档类型，这两个命令会生成所有图题的列表，包括图片、表格编号和相应的页码。与 TOC 一样，LaTeX 可以自动完成所有工作。另外，我们可以使用与 TOC 相同的方法自定义列表。

假设所有图片都是图表。这里避免使用图片一词，而是使用更为广义的图表，插入图表列表。

（1）打开当前的示例。将以下代码添加到前言。

```
\renewcommand{\figurename}{Diagram}
\renewcommand{\listfigurename}{List of Diagrams}
```

（2）在 \tableofcontents 之后，添加以下代码。

```
\listoffigures
```

（3）在第 1 章中插入一个图表。

```
\begin{figure}
\centering
\fbox{Diagram placeholder}
\caption{Enterprize Organizational Chart}
\end{figure}
```

（4）在第 3 章的第二部分中，插入网络设计图。在图片列表中进行标记，并在标记位置后面插入图表。

```
\addtocontents{lof}{Network Diagrams:}
\begin{figure}
\centering
\fbox{Diagram placeholder}
\caption{Network overview}
\end{figure}
\begin{figure}
\centering
\fbox{Diagram placeholder}
\caption{WLAN Design}
\end{figure}
```

（5）单击两次"排版"按钮，查看输出，如图 8.2 所示。

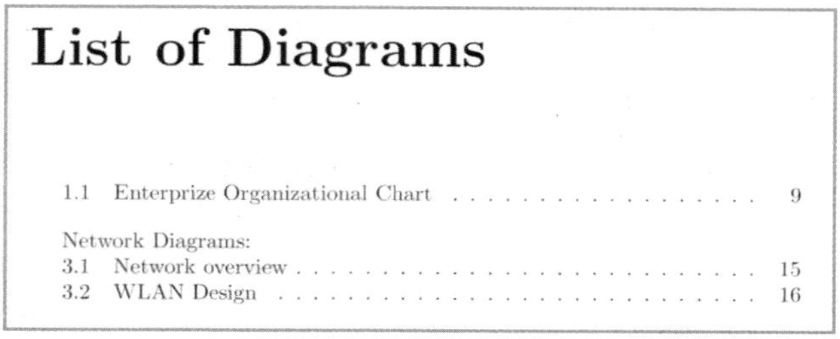

图 8.2　图表列表

我们通过重新定义 LaTeX 宏，重命名了图片和列表标题。在本章最后将看到 LaTeX 类使用的名称列表，可以重新定义这些名称。

与 TOC 一样，使用\addtocontents 命令可将加粗标题插入.lof 文件中，LaTeX 会在.lof 文件中收集标题，工作方式与 TOC 类似。

8.2.5　创建表格列表

我们已经知道，要创建和自定义表格列表，需要的只是 LaTeX 收集表格标题的文件，其扩展名为.lot。因此，\addtocontents 的第一个参数是 lot。所有代码类似于\listoftables、\tablename 和\listtablename。

8.2.6　使用软件包进行自定义

除了上述方法，还有其他软件包提供了自定义目录、图片和表格列表的功能。

❑　tocloft 可以控制目录、图片列表和表格列表的排版。还可以用它定义其他类型的列表。

❑　titletoc 提供了方便的条目处理，并能与 titlesec 结合使用，后者是用于自定义章节标题的软件包。

❑　multitoc 基于 multicol 包提供了两列或多列版式。

❑　minitoc 可以为每个部分、章或节创建小型目录。

❑　tocbibind 可以自动将参考文献、索引、目录、图片列表和表格列表添加到目录中。它还可以使用编号标题替换默认的无编号标题。

使用 texdoc 命令行工具或访问 https://texdoc.org 阅读包文档。

现在我们知道如何创建位于文档开头的目录、表格和图形列表。接下来，我们继续讨论放在文档末尾的列表、关键词索引和参考文献。

8.3　生 成 索 引

大型文档通常包含索引。索引是一个单词或短语的列表，以及指向文档中相关材料的页码。与全文搜索功能不同，索引提供的是选择性地指向相关信息的指针。

当标识和标记索引中的单词时，**LaTeX** 将收集单词信息并排版索引。

假设示例包含企业及其架构及该公司的网络架构和设计信息。我们的目标是在文本中标记这些概念出现的位置。最后，让 **LaTeX** 排版出索引，步骤如下。

（1）返回初始示例。在前言部分，加载 index 包并添加创建索引的命令。

```
\usepackage{index}
\makeindex
```

（2）在企业图表的标题中，使用关键词 enterprise 标记位置。

```
\caption{\index{enterprise}Enterprise Organizational Chart}
```

（3）在第 3 章中包含了图表，使用关键词 network 进行标记。

```
\index{network}
```

（4）在\end{document}之前，为目录创建索引条目。为确保显示正确的页码，提前进行分页。

```
\clearpage
\addcontentsline{toc}{chapter}{Index}
```

（5）在下一行中，命令 **LaTeX** 排版索引。

```
\printindex
```

（6）如果使用 TeXworks，需在排版按钮旁边的下拉框中选择 **MakeIndex**，不要选择 **pdfLaTeX**。然后，单击"排版"按钮。如果使用其他编辑器，则使用其 **MakeIndex** 功能，或在文档目录的命令提示符中输入以下内容。

```
makeindex documentname
```

（7）切换回 **pdfLaTeX**。单击"排版"按钮，查看最后一页，如图 8.3 所示。

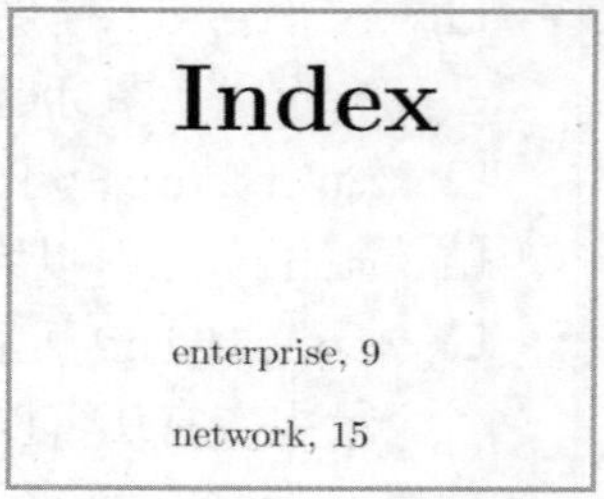

图 8.3　索引

我们加载了 index 包,它增强了 **LaTeX** 的内置索引功能。

或者也可以使用 makeidx 包,它属于标准 **LaTeX**,使用\makeindex 命令准备索引。这两个命令都属于前言部分,因此放置在\begin{document}之前。

\index 命令只接收一个参数,即要索引的单词或短语。\index 命令将该短语写入扩展名为.idx 的文件中。如果查看此文件,可以看到以下代码。

```
\indexentry {enterprise}{9}
\indexentry {network}{15}
```

它们表示索引条目及其相应的页码。

外部 makeindex 程序获取该.idx 文件并生成.ind 文件。后者包含用于创建索引的 **LaTeX** 代码。具体而言,.ind 文件包含索引列表环境及其项目,如下所示。

```
\begin{theindex}
\item enterprise, 9
\indexspace
\item network, 15
\end{theindex}
```

更复杂的索引可能包含子项目、页面范围和对其他项目的引用。接下来看看如何生成这样的索引。在本书的网站 https://latexguide.org/chapter-08,可以找到包含示例命令的完整可编译代码,我们将在以下章节学习这些命令,还可以直接在网页上试运行代码。

8.3.1　定义索引条目和子条目

我们已经使用以下命令创建了简单的索引条目。

```
\index{phrase}
```

为了创建子条目,我们需要指定主条目和子条目,中间用感叹号分隔,代码如下。

```
\index{network!overview}
```

此外,子条目也可以包含子条目。只需使用另一个!符号,代码如下。

```
\index{enterprise!organization}
\index{enterprise!organization!sales}
\index{enterprise!organization!controlling}
\index{enterprise!organization!operation}
```

一共可以有三级子条目。

8.3.2　指定页面范围

如果多个页面涉及相同的概念，则可以为索引条目指定页面范围。在条目开始和结束的位置添加分隔符 |。在 network 一章的开头，按如下方式添加 |(。

```
\index{network| (}
```

在本章末尾，按如下方式添加 |)。

```
\index{network|)}
```

这样就能生成 **Network, 15-17** 样式的条目。

8.3.3　在索引中使用符号和宏

makeindex 按照字母顺序对条目进行排序。如果你想在索引中插入符号，如希腊字母、化学方程式或数学符号，可能会遇到排序问题。为此，\index 可接收一个排序关键字。将此关键字作为条目的前缀，用 @ 符号分隔，具体如下。

```
\index{Gamma@$\Gamma$}
```

通常不建议使用宏作为索引条目。尽管宏将在索引中扩展，但宏名称（包括反斜杠）会影响排序。假设你有一个表示 TeX 用户组的 \group 宏，定义如下。

```
\newcommand{\group}{\TeX\ Users Group}
```

如果使用以下代码，则 TeX 用户组条目的排序处理方式会和 \group 一样，并且不会出现在以 T 开头的条目中。

```
\index{\group}
```

通过添加一个排序关键字作为前缀，可以修复此类问题，示例如下。

```
\index{TeX@\group}
```

与之类似，可以指示具有特殊字符的单词如何排序。在这里，单词 schön 将像 scho 一样排序。

```
\index{schon@sch\"{o}n}
```

由于符号 |、@ 和 ! 在索引条目中具有特殊含义，需要采取额外的处理方式将其打印为原始符号。以下是如何打印它们的示例。

```
\index{exclamation ("!)!loud}
```

我们可以通过前缀",在索引中打印符号|、@和!。

8.3.4　引用其他索引的条目

不同的单词可能表示相同的概念。对于这种情况,可以为主短语添加交叉引用,但不用添加页码。例如,通过添加代码|see{entry list}实现该功能。

```
\index{wireless|see{WLAN}}
\index{WLAN}
```

这样,引用就不会打印页码。引用在文本中的位置并不重要,你可以在文档的特定位置收集引用的页码。

8.3.5　微调页码

如果一个索引条目涉及多个页面,你可能想要强调特定页码,将其指定为主要参考。为此,可以定义一个强调命令,代码如下。

```
\newcommand{\main}[1]{\emph{#1}}
```

对于索引条目,添加一个管道符和命令名称。

```
\index{WLAN|main}
```

这样,LaTeX 就能强调相应的页码。也可以使用\index{WLAN|emph}或\index{WLAN|texbf}。通过定义宏可以更加一致,能做到分离形式和内容。

8.3.6　设计索引版式

如果在示例文档中使用前面章节中的示例命令,\printindex 命令将打印出包含子条目、范围、引用和强调条目的版式,如图 8.4 所示。

LaTeX 提供了一些索引样式,包括 latex(默认)、gind、din 和 iso。要使用其他样式,可使用 makeindex 程序的-s 选项进行指定,具体如下。

```
makeindex -s iso documentname
```

如果在调用该命令后进行编译,则索引版式将发生变更,如图 8.5 所示。

Index

TEX Users Group sorted wrong, 17

enterprise, 9
　　organization, 9
　　　　controlling, 9
　　　　operation, 9
　　　　sales, 9
exclamation (!)
　　loud, 17

Γ, 17

network, 15–17
　　overview, 15

schön, 17

TEX Users Group sorted correctly,
　　17

wireless, *see* WLAN
WLAN, *17*

图 8.4　更为复杂的索引

Index

TEX Users Group sorted wrong .17
enterprise 9
　　organization 9
　　　controlling 9
　　　operation 9
　　　sales 9
exclamation (!)
　　loud 17
Γ 17
network 15–17
　　overview 15
schön 17
TEX Users Group sorted correctly
　　17
wireless .... *see* WLAN
WLAN *17*

图 8.5　使用 iso 样式的索引

　　你还可以定义自己的样式。要了解有关索引和 makeindex 的更多内容，在命令提示符中使用 texdoc。

```
texdoc index
```

要获取有关 makeindex 工具的更多信息，使用以下命令。

```
texdoc makeindex
```

或者，访问在线文档 https://texdoc.org/pkg/index 或 https://texdoc.org/pkg/makeindex。

尽管在编写文档的同时顺手生成索引似乎很方便，但这样可能导致索引不一致。建议首先完成写作，然后确定应出现在索引中的内容。

接下来讨论引用列表，即参考文献。

8.4　创建参考文献

科学论文中通常包含参考文献列表或文献目录。这一节将讨论如何排版参考文献列表，以及如何引用其中的条目。

使用 LaTeX 的标准功能，创建一个包含 TeX 创始人 Donald E. Knuth 的一本书和一篇文章的小型参考文献，并在正文中引用这两个文献，具体步骤如下。

（1）新建如下的文档。

```
\documentclass{article}
\begin{document}
\section*{Recommended texts}
To study \TeX\ in depth, see \cite{DK86}.
For writing math texts, see \cite{DK89}.
\begin{thebibliography}{8}
\bibitem{DK86} D.E. Knuth, \emph{The {\TeX}book}, 1986
\bibitem{DK89} D.E. Knuth, \emph{Typesetting Concrete
Mathematics}, 1989
\end{thebibliography}
\end{document}
```

（2）单击“排版”按钮并查看输出，如图 8.6 所示。

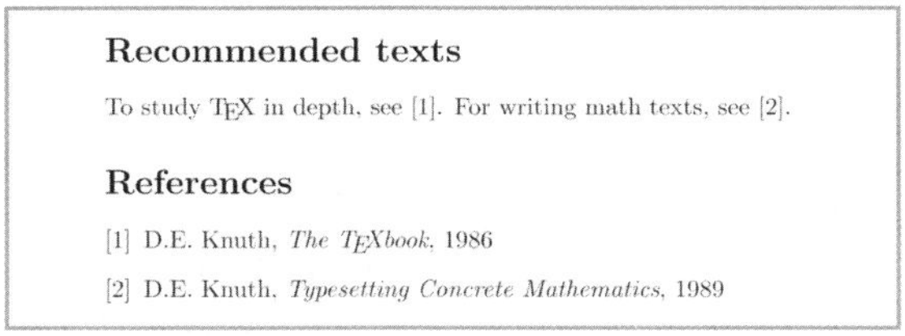

Recommended texts

To study TEX in depth, see [1]. For writing math texts, see [2].

References

[1] D.E. Knuth, *The TEXbook*, 1986

[2] D.E. Knuth, *Typesetting Concrete Mathematics*, 1989

图 8.6　一个参考文献列表

我们使用了 thebibliography 环境排版参考文献列表，它类似于第 4 章中介绍过的描述列表。此列表中的每个项目都有一个键。为了在正文中引用，我们使用\cite 命令引用该键。接下来，我们详细学习这些命令。

8.4.1　使用标准参考文献环境

LaTeX 的标准参考文献环境具有以下形式。

```
\begin{thebibliography}{widest label}
\bibitem[label]{key} author, title, year etc.
\bibitem…
…
\end{thebibliography}
```

每个项目都使用\bibitem 命令进行指定。此命令需要一个强制性参数，用于确定键。可以使用\cite{key}或\cite{key1,key2}引用该键。\cite 可接收一个可选参数，指定页码范围，如\cite[p.\,18--20]{key}。可以通过\bibitem 的可选参数选择标签。如果没有指定标签，LaTeX 将如图 8.6 所示，按方括号依次编号。

使用标签，环境如下。

```
\begin{thebibliography}{Knuth89}
\bibitem[Knuth86]{DK86} D.E. Knuth, \emph{The {\TeX}book}, 1986
\bibitem[Knuth89]{DK89} D.E. Knuth, \emph{Typesetting Concrete
Mathematics}, 1989
\end{thebibliography}
```

相应地，输出如图 8.7 所示。

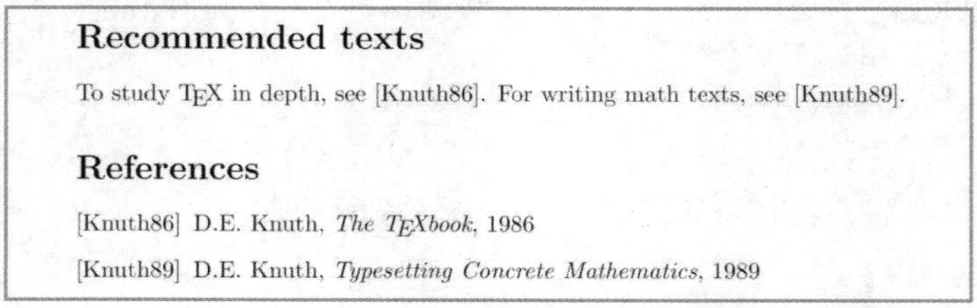
Recommended texts

To study TEX in depth, see [Knuth86]. For writing math texts, see [Knuth89].

References

[Knuth86] D.E. Knuth, *The TEXbook*, 1986

[Knuth89] D.E. Knuth, *Typesetting Concrete Mathematics*, 1989

图 8.7　一个参考文献列表

正如输出所示，LaTeX 自动将\cite 的输出调整为新标签。cite 包提供了经过压缩和排序的引用列表，如[2,4-6]，以及更多的内文引用格式选项。

环境的强制项目应包含最宽的标签以对齐项目。例如，如果有超过 9 个但少于 100

个项目，则可以将两个数字写入参数中。

8.4.2　使用 BibTeX 参考文献数据库

手动创建参考文献费时费力。如果需要在多个文档中使用引用，使用数据库并用程序生成参考文献的做法更好。听起来很复杂，但操作并不难。

创建一个单独的数据库文件，其中包含示例的参考文献，并修改示例以使用该数据库。为了使该数据库可用，我们必须调用 BibTeX 的外部程序。

（1）新建文档。首先，编写 TeXbook 条目。

```
@book{DK86,
author = "D.E. Knuth",
title = "The {\TeX}book",
publisher = "Addison Wesley",
year = 1986
}
```

（2）对于下一个文章条目，需要指定更多字段。

```
@article{DK89,
author = "D.E. Knuth",
title = "Typesetting Concrete Mathematics",
journal = "TUGboat",
volume = 10,
number = 1,
pages = "31--36",
month = apr,
year = 1989
}
```

（3）保存文件并将其命名为 example.bib。打开示例文档并按以下方式修改。

```
\documentclass{article}
\begin{document}
\section*{Recommended texts}
To study \TeX\ in depth, see \cite{DK86}. For writing
math texts,
see \cite{DK89}.
\bibliographystyle{alpha}
\bibliography{example}
\end{document}
```

（4）单击"排版"按钮，使用 `pdfLaTeX` 进行排版。如果你使用的是 `TeXworks`，选择排版按钮旁边的下拉框中的 `BibTeX`，然后单击"排版"按钮。如果使用的是其他编辑器，使用其 BibTeX 选项或在文档目录中的命令提示符里输入以下内容。

```
bibtex documentname
```

（5）再次使用 `pdfLaTeX` 单击"排版"按钮。结果如图 8.8 所示。

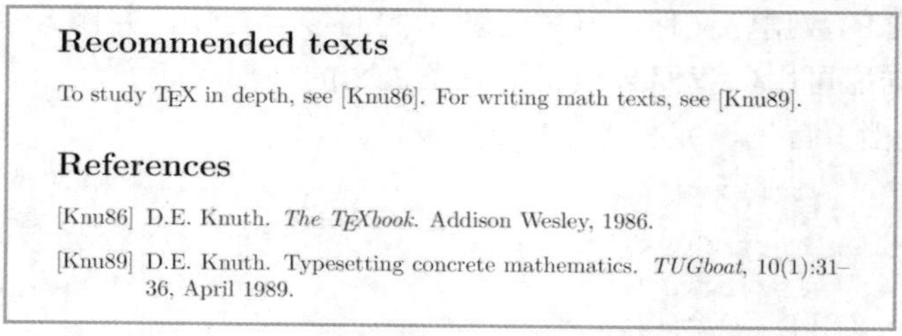

図 8.8　基于数据库文件的参考文献

我们创建了一个包含所有参考文献条目的文本文件。在下一节，我们将深入理解其格式。我们为文档选择了 `alpha` 样式，它根据作者的姓名对条目进行排序，并使用作者和年份的快捷方式作为标签。然后我们指示 **LaTeX** 加载名为 `example` 的参考文献文件。`.bib` 扩展名已自动添加。

然后，我们调用了外部程序 **BibTeX**。这个程序从示例 `.tex` 文件得知需要转换 `example.bib`。因此，它从 `.bib` 文件中创建了包含 **LaTeX** `thebibliography` 环境和最终条目的 `.bbl` 文件。

最后，我们必须编译两次，以确保所有交叉引用都是正确的。

尽管我们需要更多的步骤来生成参考文献，但这么做也有好处——不需要微调每个条目、可以轻松地在不同样式之间进行切换、可以重用 `.bib` 文件。

再来看看 `.bib` 文件格式。它支持各种条目类型，如 `book` 和 `article`。此外，这些条目包含作者、标题和年份等字段。接下来首先看一下支持的字段，然后谈论不同种类的条目。

8.4.3　查询 BibTeX 条目字段

下方列表列出了标准字段，其中一些字段很常见，但另一些很少用。遵循 **BibTeX** 文档，按字母顺序列出它们。

❏　`address`：通常是出版商的地址。对于小型出版商，地址信息可能很有用。

- ❑　annote：标准参考文献样式未采用的注释。其他样式或宏可能使用它。
- ❑　author：作者名。
- ❑　booktitle：书名。也可以使用 title 字段。
- ❑　chapter：章节编号。
- ❑　crossref：数据库条目的键，被交叉引用。
- ❑　edition：书的版本号（第一版、第二版等）。通常是大写的。
- ❑　editor：编辑名。
- ❑　howpublished：出版方式，特别是对于特殊出版的书。首字母大写。
- ❑　institution：这可能是赞助机构。
- ❑　Journal：期刊名称，可以使用常用缩写。
- ❑　key：如果作者信息缺失，用于按字母排序、交叉引用和标记。不要将其与\cite 命令中使用的键混淆，该键对应于条目的开头。
- ❑　month：作品发表的月份。如果尚未发表，则用编写的月份。通常使用三个字母的缩写。
- ❑　note：其他有用信息。首字母大写。
- ❑　number：期刊或系列作品的编号。
- ❑　organization：机构名。
- ❑　pages：页码或页码范围，如 12～18 或 22+。
- ❑　publisher：出版商的名称。
- ❑　school：创作文档的学校的名称。
- ❑　series：书籍系列的名称或其在多卷中的编号。
- ❑　title：作品的标题。
- ❑　type：出版物的类型。
- ❑　volume：期刊或多卷书籍的卷数。
- ❑　year：出版年份。如果尚未出版，则为编写年份。通常使用四个数字，如 2010。可以使用任何可能由其他样式支持并被标准样式忽略的字段。

可以通过在命令行中输入 texdoc bibtex 或访问 https://texdoc.org/pkg/bibtex，阅读 BibTeX 的文档。

8.4.4　引用网络资源

如今，我们经常引用在线资源。要将互联网地址放入 BibTeX 字段中，使用 url 或 hyperref 包的\url 命令，示例如下。

```
howpublished = {\url{https://latex.org}}
```

有些样式提供 url 字段，它会隐式地将内容格式化为 URL，因此不需要在其中使用 \url 命令。

8.4.5　理解 BibTeX 条目类型

首先，需要确定要添加哪些条目类型，然后填写字段。不同类型可能支持多种字段。有些字段是必填的，有些字段是可选的，可以省略，而有些字段在样式不支持时会被忽略。

通常，条目的名称指示其含义。根据 BibTeX 参考资料，表 8.1 是标准条目类型及其必填和可选字段。

表 8.1　BibTeX 中的条目类型和字段

类　　型	必 填 字 段	可 选 字 段
article	article author, title, journal, year	volume, number, pages, month, note
book	author or editor, title, publisher, year	volume or number, series, address, edition, month, note
booklet	title	author, howpublished, address, month, year, note
conference	author, title, booktitle, year	editor, volume or number, series, pages, address, month, organization, publisher, note
manual	title	author, organization, address, edition, month, year, note
mastersthesis	author, title, school, year	type, address, month, note
misc	none	author, title, howpublished, month, year, note

类　　　型	必　填　字　段	可　选　字　段
phdthesis	author, title, school, year	type, address, month, note
proceedings	title, year	editor, volume or number, series, address, month, organization, publisher, note
techreport	author, title, institution, year	type, number, address, month, note
unpublished	author, title, note	month, year

要了解更多信息，可在命令提示符处键入以下内容，查看 BibTeX 参考资料。

```
texdoc bibtex
```

或者，也可以访问 https://texdoc.org/pkg/bibtex。

如果没有其他条目符合要求，可选择 misc。对于类型，大小写不重要，@ARTICLE 和 @article 作用相同。如示例所示，条目具有以下形式。

```
@entrytype{keyword,
fieldname = {field text},
fieldname = {field text},
…
}
```

在字段文本周围使用大括号。也支持使用双引号，如"field text"。对于数字，可以省略大括号。

某些样式会更改大小写，可能导致出现小写字母。为了防止字母或单词变成小写，可以在它们周围放置大括号。最好用大括号括住一整个单词，而不仅仅是一个字母，以维护连字符和间距。例如，{WAL}比{W}AL 好，因为在标准文本中，LaTeX 会使 **A** 距离前面的 **W** 更近。分隔的大括号会妨碍 LaTeX 的微观排版改进。

8.4.6　选择参考文献类型

标准样式如下。

❑ plain：使用阿拉伯数字标签，按作者姓名排序。数字用方括号括起来，在\cite 中也会出现。

- ❑　unsrt：无排序。所有条目都像在文本中引用一样。除此之外，它的外观类似于 plain。
- ❑　alpha：按作者姓名排序。标签是作者姓名和出版年份的缩写，使用方括号。
- ❑　abbrv：类似于 plain，但名字和其他字段条目都是缩写。在 \begin{document} 和 \bibliography 之间选择样式。可以在 \bibliography 之前写 \bibliographystyle，以使它们连在一起。

在 TeX 的各种发行版和互联网上，有更多样式可供选择。例如，natbib 包提供了美观的样式，可以用"作者-年份"的形式进行引用。此包还添加了一些字段，如 ISBN、ISSN 和 URL。

可以试用 natbib 包及其 plainnat、abbrvnat 和 unsrtnat 样式，例如：

```
\usepackage{natbib}
\bibliographystyle{plainnat}
```

以上代码将修改示例，具体如下。

- ❑　natbib 重新实现了 \cite 命令，并对其进行了修改，支持"作者-年份"引用。该包可以与大多数其他可用的样式一起使用。
- ❑　natbib 引入了引用命令 \citet，可用于文本引用，还可以用于括号引用，以及星号变体，能打印完整的作者列表。\citet 可接收可选参数，允许在其前后添加文本。

如果想了解更多信息，可查看文档。在命令行中键入 texdoc natbib 或访问 https://texdoc.org/pkg/natbib。

biblatex 包提供了完整的 BibTeX 和 LaTeX 引用功能的重新实现。biblatex 不需要学习 BibTeX，并且它可以使用一个名为 biber 的程序代替 BibTeX。在 *LaTeX Cookbook* 的第 7 章"目录、索引和参考文献"中，可以看到逐步详解的示例，其中包括 biblatex 和 biber。

8.4.7　列出参考文献而不引用

BibTeX 只提取文本中引用了的数据库中的参考文献，并将它们打印出来。但是，你可以为参考文献指定键，这些键仍将得到展示。只需为单个参考文献编写以下代码。

```
\nocite{key}
```

或者，使用以下代码，列出完整的数据库。

```
\nocite{*}
```

如果不想在参考文献中列出未在文档中引用过的参考文献，应确保在文档的最终版本中删除\nocite{*}。

现在我们已经学会了如何创建表格、列表、索引和参考文献，最后看一下如何进行自定义。

8.5　修改页眉

就像在图 8.2 的示例中展示的那样，如果你不喜欢标题"Contents"，可以轻松修改它。LaTeX 将标题的文本存储在\contentsname 文本宏中。因此，只需重新进行定义，示例如下。

```
\renewcommand{\contentsname}{Table of Contents}
```

以下是可用的宏及其默认值。

- ❑　\contentsname：目录。
- ❑　\listfigurename：图片列表。
- ❑　\listtablename：表格列表。
- ❑　\bibname：参考文献（在 book 和 report 类中）。
- ❑　\refname：参考文献（在 article 类中）。
- ❑　\indexname：索引。

此外，如下是 LaTeX 中其他用于命名的宏及其默认值。

- ❑　\tablename：图片。
- ❑　\figurename：表格。
- ❑　\partname：篇。
- ❑　\chaptername：章。
- ❑　\abstractname：摘要。
- ❑　\appendixname：附录。

在使用另一种语言编写代码时，使用命名宏特别有用。例如，babel 包具有语言选项，并能根据所选语言重新定义所有这些宏。

但是在选择缩写时，如 Fig.或不同的短语，如 Appendices 而非 Appendix 时，命名宏也是很实用的。

8.6　总　　结

在本章中，我们处理了不同类型的列表。具体来说，我们学习了如何生成和自定义目录、图片列表、表格列表，生成索引以指向关键词和短语，以及手动创建并使用参考文献数据库。

这些列表不仅能进行列举和总结，还能引导读者查找所需的信息。因为图片列表和表格列表紧跟着目录，所以它们不会出现在目录中。有时，甚至要求在目录中列出目录本身。如果你不确定排版设计要求，查看专业领域的书籍，以参考目录、列表和索引的外观。

在下一章中，我们将深入探讨科学写作。

第 9 章 数学公式

在第 1 章中，我们提到 LaTeX 具有优秀的数学排版功能。这一章具体进行介绍。通过本章的学习，你将学会编写精美的数学公式。

为了充分利用 LaTeX 的数学功能，本章将介绍以下内容。

❏ 编写基本公式。
❏ 排版多行公式。
❏ 数学符号。
❏ 创建数学结构。

这是一项艰巨的任务，让我们一起开始学习吧！

9.1 技术要求

可以使用本地的 LaTeX，也可以在线编译示例代码，网址为 https://latexguide.org/ chapter-09。

本章代码可从 GitHub 获取，地址是 https://github.com/PacktPublishing/LaTeX-Beginner-s-Guide-2nd-Edition-/tree/main/Chapter_09_-_Writing_Math_Formulas。

在本章中，我们将使用这些包：amsmath、amssymb、geometry、latexsym 和 upgreek。

此外，我们还将简要讨论这些包：amsthm、dsfont、graphicx、mathtools、ntheorem、siunitx、xits 和 zapfino。

9.2 编写基本的公式

LaTeX 提供了三种写作模式。

❏ 段落模式：文本按单词序列排版为行、段落和页面。与之前的章节一致。
❏ 从左到右模式：文本按单词顺序，由 LaTeX 从左到右排版，不换行。例如，\mbox 的参数就是在此模式下排版，因此，\mbox 可以防止连字符。

❑　数学模式：在此模式下，LaTeX 将字母处理为数学符号。常见惯例是将变量以斜体进行排版。许多符号只能在数学模式下使用，这些符号包括根号、求和符号、关系符号、数学重音符号、箭头和各种分隔符，如括号和大括号。LaTeX会忽略字母和符号之间的空格字符。相反，字母和符号的间距取决于符号类型，关系符号的间距与左、右分隔符的间距不同。所有数学表达式都需要在此模式下排版。

接下来，我们进入数学模式。

第一段数学文本将涉及二次方程的解。排版的公式带有常数、变量、平方上标和解的下标。表示解需要根号符号。最后，我们对公式使用交叉引用。分解步骤如下。

（1）新建文档。不需要加载任何包。

```
\documentclass{article}
\begin{document}
\section*{Quadratic equations}
```

（2）编写二次方程式及其条件。使用 equation 环境。使用"\("和"\)"将文本中的数学部分括起来。

```
The quadratic equation
\begin{equation}
\label{quad}
ax^2 + bx + c = 0,
\end{equation}
where \( a, b \) and \( c \) are constants and
\( a \neq 0 \), has two solutions for the variable
\( x \):
```

（3）使用另一个等式表示解。平方根的命令是\sqrt。分数的命令是\frac。

```
\begin{equation}
\label{root}
x_{1,2} = \frac{-b \pm \sqrt{b^2-4ac}}{2a}.
\end{equation}
```

（4）引入判别式并讨论零的情况。为了得到未编号的公式，我们使用"\["和"\]"将公式括起来。

```
If the \emph{discriminant} \( \Delta \) with
\[
\Delta = b^2 - 4ac
\]
```

```
is zero, then the equation (\ref{quad}) has a double
solution:
(\ref{root}) becomes
\[
x = - \frac{b}{2a}.
\]
\end{document}
```

（5）单击"排版"按钮编译文档。第一次运行编译时方程式的引用未处理，表示为 **(?)**。再次编译以让 LaTeX 处理编号，查看结果，如图 9.1 所示。

Quadratic equations

The quadratic equation

$$ax^2 + bx + c = 0, \tag{1}$$

where a, b and c are constants and $a \neq 0$, has two solutions for the variable x:

$$x_{1,2} = \frac{-b \pm \sqrt{b^2 - 4ac}}{2a}. \tag{2}$$

If the *discriminant* Δ with

$$\Delta = b^2 - 4ac$$

is zero, then the equation (1) has a double solution: (2) becomes

$$x = -\frac{b}{2a}.$$

图 9.1　包含数学公式的文本

正如在第 1 章介绍的，编写公式看起来很像编程。我们通过命令创建公式。有带参数的命令，如求根和分数，还有用于符号的简单命令，如希腊字母。大多数符号必须在数学环境中使用，在常规文本中无法使用。

equation 环境创建了得到展示的公式。该公式已经水平居中，并且 LaTeX 在其前后添加了一些垂直空间。此外，这些公式是连续编号的。

\[...\] 和 \(...\) 其实也是环境。在接下来的章节中逐一进行学习。

9.2.1　在文本中嵌入数学表达式

LaTeX 提供了用于文本内公式的数学环境。

```
\begin{math}
    expression
\end{math}
```

由于为短表达式或符号编写此环境非常烦琐，LaTeX 为其提供了一个别名，其效果相同。

```
\(
    expression
\)
```

你也可以将其写成一行，即\(expression \)。

第三种方式是使用来自 TeX 的快捷方式，$ expression $。这种方法的缺点是开始和结束数学环境的命令相同，这很容易导致错误。然而，这种方法输入起来更容易，所以仍然受到 LaTeX 用户的欢迎。

在行内编写公式可以节省空间，可读性也很强。推荐用于文本中较短的数学表达式。

9.2.2　行间公式

对于需要居中显示的公式，LaTeX 提供了 displaymath 环境。

```
\begin{displaymath}
    expression
\end{displaymath}
```

这个环境的作用是，当段落结束时，会在其后面添加一些垂直空间，然后显示居中的公式，并再次添加垂直空间。由于该数学环境已经处理好了间距，所以不需要在其前后留空行。但这样会因为额外的段落分隔符而导致多余的垂直间距。

此外，这个环境有一个快捷方式。这里使用的是方括号，而不是前一节中使用的圆括号。

```
\[
    expression
\]
```

将快捷方式"\["和"\]"放在不同行上可以提高代码的可读性。

不要使用类似于$$ expression $$的 TeX 低级命令来显示公式，因为它在 LaTeX 中存在问题，如垂直间距有问题。

行间公式可使公式更加突出，并且前后都有额外的间距。

笔记
　　在本章的其余部分，所有的代码都将使用数学模式。

9.2.3　为公式编号

通常，方程式和公式可以进行编号。但是，这仅适用于行间公式。可使用 equation
环境。

```
\begin{equation}
    \label{key}
    expression
\end{equation}
```

equation 环境的外观与 displaymath 相似，但它是带编号的。编号将显示在公
式右侧的括号中，如图 9.1 所示。

9.2.4　添加角标

由于指数和下标很常用，可以使用其简化命令。
使用下画线（_）引入下标。

```
{expression}_{subscript}
```

脱字符（^）用于引入上标。

```
{expression}^{superscript}
```

如示例所示，使用大括号来定义表达式的相关部分。
下标和上标都可以嵌套。如果在同一表达式中同时使用下标和上标，则^和_的顺序
无关紧要。对于单个字母、数字或符号，可以省略大括号。接下来看一个示例。

```
\[ x_1^2 + x_2^2 = 1, \quad 2^{2^x} = 64 \]
```

它的输出如下，如图 9.2 所示。
还可以注意到，更高层级的指数比更低层级的指数要小。当我们嵌套下标或上标时，字体会变小。

$$x_1^2 + x_2^2 = 1, \quad 2^{2^x} = 64$$

图 9.2　下标和上标

9.2.5　使用运算符

三角函数、对数函数、解析函数和代数函数通常使用正体罗马字母书写。如果只是简单地输入 log，那么它看起来像是三个变量 l、o 和 g 的乘积。因此，需要使用运算符命令。以下是预定义的运算符，按字母顺序进行排列：\arccos、\arcsin、\arctan、\arg、\cos、\cosh、\cot、\coth、\scs、\deg、\det、\dim、\exp、\gcd、\hom、\inf、\ker、\lg、\lim、\liminf、\limsup、\ln、\log、\max、\min、\Pr、\sec、\sin、\sinh、\sup、\tan、\tanh。

我们可以用两种方式来表示模运算。一种是使用二元运算符\bmod，另一种是使用带括号的模表达式\pmod{argument}。

有些运算符支持下标，下标位于行间公式运算符的下方。

```
\[ \lim_{n=1, 2, \ldots} a_n \qquad \max_{x<X} x \]
```

输出如下，如图 9.3 所示。

$$\lim_{n=1,2,\ldots} a_n \qquad \max_{x<X} x$$

图 9.3　带有下标的运算符

上标位于运算符上方。

当运算符在文本中作为行内公式使用时，示例如下。

```
Within text, we have \( \lim_{n=1, 2, \ldots} a_n \)
and \( \max_{x<X} x \).
```

输出如下，如图 9.4 所示。

Within text, we have $\lim_{n=1,2,\ldots} a_n$ and $\max_{x<X} x$.

图 9.4　行内公式中的下标

为了避免行间距较大，需要采用这种方式。

此外，图 9.30 和图 9.31 展示了运算符角标的位置和大小。

9.2.6　求根

本章的第一个示例代码使用了平方根\sqrt{value}。由于存在高阶根，因此该命令接收一个可选参数来表示阶数。完整的定义如下。

```
\sqrt[order]{value}
```

可以嵌套根，示例如下。

```
\sqrt[64]{x} = \sqrt{\sqrt{\sqrt{\sqrt{\sqrt{\sqrt{x}}}}}}
```

输出如下，如图 9.5 所示。

LaTeX 会自动调整求根符号的大小以适应 value 表达式
的高度和宽度。这就能使外层根比内层根大。

9.2.7　分数

图 9.5　嵌套根

在文本公式中，可以使用/表示分数，如\((a+b)/2 \)。
对于较大的分数，可以使用\frac 命令。

```
\frac{numerator}{denominator}
```

以下是一个示例。

```
\[ \frac{n(n+1)}{2} \quad \frac{\frac{\sqrt{x}+1}{2}-x}{y^2} \]
```

输出如下，如图 9.6 所示。

LaTeX 会自动调整分数线，以适应分子和分母的最大
宽度。

图 9.6　分数和嵌套分数

9.2.8　希腊字母

数学中通常使用希腊字母表示常数。要使用小写希腊字母，需要用反斜杠命令写出
其名称。如图 9.7 所示是小写希腊字母及其对应的 LaTeX 命令。

α \alpha	ζ \zeta	λ \lambda	π \pi	ϕ \phi
β \beta	η \eta	μ \mu	ρ \rho	χ \chi
γ \gamma	θ \theta	ν \nu	σ \sigma	ψ \psi
δ \delta	ι \iota	ξ \xi	τ \tau	ω \omega
ϵ \epsilon	κ \kappa	o o	υ \upsilon	

图 9.7　小写希腊字母

对于某些字母，有一些变体可供选择，如图 9.8 所示。

ε \varepsilon	ϖ \varpi	ς \varsigma
ϑ \vartheta	ϱ \varrho	φ \varphi

图 9.8　一些希腊字母的变体

由于 omicron 外观像 o，所以没有相应的命令。大多数大写希腊字母和罗马字母很相似，所以没有\Alpha 或\Beta，只需键入 A 或 B 即可。大写希腊字母中不同于罗马字母的字母如图 9.9 所示。

Γ \Gamma	Λ \Lambda	Σ \Sigma	Ψ \Psi
Δ \Delta	Ξ \Xi	Υ \Upsilon	Ω \Omega
Θ \Theta	Π \Pi	Φ \Phi	

图 9.9　大写希腊字母

可以看到，小写希腊字母以斜体排版，大写希腊字母以正体排版。这源于数学中的传统书写风格。在早期的 TeX 中，由于字符表空间有限，只使用斜体小写字母和数量有限的正体希腊字母，可使文本保持简洁。

如果想要正体希腊字母，可以使用\usepackage{upgreek}，然后使用以下命令，如图 9.10 所示。

α \upalpha	ζ \upzeta	λ \uplambda	π \uppi	ϕ \upphi
β \upbeta	η \upeta	μ \upmu	ρ \uprho	χ \upchi
γ \upgamma	θ \uptheta	ν \upnu	σ \upsigma	ψ \uppsi
δ \updelta	ι \upiota	ξ \upxi	τ \uptau	ω \upomega
ϵ \upepsilon	κ \upkappa	o \mathrm{o}	υ \upupsilon	

图 9.10　正体小写希腊字母

以下变体可供选择，如图 9.11 所示。

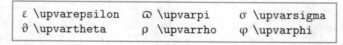

ε \upvarepsilon	ϖ \upvarpi	σ \upvarsigma
ϑ \upvartheta	ρ \upvarrho	φ \upvarphi

图 9.11　一些希腊字母的正体变体

正体希腊字母来自 Euler 字体，而不是默认的计算机现代字体。

9.2.9　手写字母

对于 26 个大写字母 A、B、C、…、Z，可以使用\mathcal 命令生成手写体。

```
\[ \mathcal{A}, \mathcal{B}, \mathcal{C}, \ldots, \mathcal{Z}
\]
```

输出如下，如图 9.12 所示。

还有一些手写字体包，提供了不同的手写字体，如 zapfino 和 xits。

$$\mathcal{A}, \mathcal{B}, \mathcal{C}, \ldots, \mathcal{Z}$$

图 9.12　手写字母

9.2.10　省略号

可以用 \ldots 表示偏下的省略号，它在数学模式下也可以使用，主要在字母和逗号之间使用偏下的省略号。在运算符和关系符之间，使用居中的省略号更为常见。此外，矩阵可能需要对角线或垂直的省略号。以下是如何生成各种省略号的方法，如图 9.13 所示。

| $\ldots$ \ldots | $\ddots$ \ddots |
| $\cdots$ \cdots | $\vdots$ \vdots |

图 9.13　各种位置的省略号

要得到另一个方向的对角线省略号，可以使用 \reflectbox{$\ddots$}。使用该命令需要在前言中添加\usepackage{graphicx}。

9.2.11　修改字体、样式和大小

在第 2 章中，我们学习了如何修改常见的文本字体。还可以使用其他命令修改数学模式下的字体样式，如图 9.14 所示。

命令	包	示例
\mathrm{...}		roman 123
\mathit{...}		*italic 123*
\mathsf{...}		sans − serif 123
\mathbb{...}	amsfonts	$\mathbb{ABC}$
\mathbbm{...}	bbm	CRQZ1
\mathds{...}	dsfont	CRQZ1
\mathfrak{...}	eufrak	$\mathfrak{ABC}$ 123
\mathnormal{...}		*normal*

图 9.14　数学字体命令

例如，在文档前言中添加\usepackage{dsfont}后，就可以使用\mathds{Z}命令写出双画线字母 Z。

尽管数学模式下的字母是斜体的，但字母是单独的符号，因此与斜体单词的间距不

同。例如，在数学模式下，`fi` 可能是变量 f 和 i 的乘积，但不是单词 `fi`。比较以下两种写法。

```
\(Definition\) and \textit{Definition}
```

输出如下，如图 9.15 所示。

Definition and *Definition*

图 9.15　普通数学写法与斜体文本

右侧的写法明显更好。

此外，`\textit` 将参数视为斜体数学字体中的文本，而非普通文本字体。对于公式中的文本，请参考本章 9.3.2 一节。

如果想将整个数学表达式切换为粗体字体，可以在表达式之前，即在数学模式之外，使用`\boldmath` 声明。使用`\unboldmath` 声明可切换回标准字体，该声明也是在数学模式之外使用。

要加粗公式的某部分，可以使用`\mbox` 命令切换到从左到右的模式，并在参数中使用`\boldmath`。

有四种可用的数学样式，可调整排版类型和字体大小。

❑ `\textstyle`：字母和符号的排列方式与文本公式相同。
❑ `\displaystyle`：字母和符号的排列方式与行间公式相同。
❑ `\scriptstyle`：使用更小的字体来显示角标。
❑ `\scriptscriptstyle`：使用更小的字体来显示嵌套脚本样式。

`\textstyle` 与`\displaystyle` 的主要区别有两点。在`\textstyle` 中，符号更小，角标通常位于表达式旁边而不是下面和上面。

LaTeX 会自动切换样式。如果你要编写指数，指数将使用较小的字体大小，并使用脚本样式排版。

可以使用列出的四个命令的其中之一作为偏好样式。例如，你可以在公式中插入`\displaystyle`，这样即使在文本中，它也会展示为行间公式的样式，即有更大的分数和更大的求和符号。此外，下标是放在下面，而上标放在上面，但这就会增加行间距。

9.2.12　自定义行间公式

有两个文档类选项可以修改公式的显示方式。

❑ `fleqn` 用于左对齐方程，LaTeX 对所有行间公式进行左对齐。

❑　　leqno 用于左侧方程编号，所有带编号的公式都将编号放在左侧而不是右侧。

通常，公式不是单独展示的。我们可能会遇到以下情况。

❑　　公式太长，一行放不下。

❑　　逐行列出多个公式。

❑　　对方程做逐步操作。

❑　　跨越多行的不等式。

❑　　多个公式需要在关系符号处对齐。

也可能遇到类似的情况，如编写多行公式、需要做某种形式的对齐。amsmath 包提供了专门的环境，可完成这些需求，这是下一节的主题。

9.3　多 行 公 式

我们使用 amsmath 包排版一个非常长的公式和一个方程组。

（1）新建纸张大小为 A6 的文档，以获得较小的文本宽度，这样就可以在不输入超长公式的情况下观察公式换行。

```
\documentclass{article}
\usepackage[a6paper]{geometry}
```

（2）加载 amsmath 包，并开始文档。

```
\usepackage{amsmath}
\begin{document}
```

（3）使用 multline 环境将一个长公式分为三行。除了最后一行，每行末尾都要加上双反斜杠\\。

```
\begin{multline}
   \sum = a + b + c + d + e \\
          + f + g + h + i + j \\
          + k + l + m + n
\end{multline}
\end{document}
```

（4）进行编译，查看输出，如图 9.16 所示。

$$\sum = a + b + c + d + e$$
$$+ f + g + h + i + j$$
$$+ k + l + m + n \qquad (1)$$

图 9.16　分为三行的公式

（5）接下来处理方程组。使用 gather 环境添加方程式。同样，除了最后一行，每行末尾都要加上 \\。

```
\begin{gather}
   x + y + z = 0 \\
      y - z = 1
\end{gather}
```

（6）再次编译，查看方程组，如图 9.17 所示。

$$x + y + z = 0 \qquad\qquad\qquad (2)$$
$$y - z = 1 \qquad\qquad\qquad (3)$$

图 9.17　包含两个方程式的方程组

（7）通常，方程组要在等号处对齐。使用符号 & 标记希望对齐的点。

```
\begin{align}
   x + y + z &= 0 \\
   y - z &= 1
\end{align}
```

（8）再次编译，现在方程组就在等号的位置对齐了，如图 9.18 所示。

$$x + y + z = 0 \qquad\qquad\qquad (4)$$
$$y - z = 1 \qquad\qquad\qquad (5)$$

图 9.18　经过对齐的方程组

由于我们加载了 amsmath 包，因此可以访问多个多行数学环境。在这些环境中，每行都以 \\ 结尾，除了最后一行。如果我们在最后一行添加 \\，LaTeX 将认为另一行已经开始，并会对其编号，即使该行为空行。

对齐和环境有关。以下是 amsmath 中的多行环境。

❑　multline：第一行左对齐，最后一行右对齐，其他所有行都居中。

- ❑ gather：每行都居中。
- ❑ align：使用&标记要对齐的位置。如果需要对齐多个列，使用另一个&结束列。
- ❑ flalign：类似于 align，但具有多列，分别对这些列进行左对齐和右对齐。
- ❑ alignat：允许在多个位置对齐，每个位置都必须用&标记。
- ❑ split：类似于 align，但位于另一个数学环境中。

alignled、gathered 和 alignedat：用于数学环境中的块对齐。可以是行间或行内。

9.3.1 为多行公式中的行进行编号

在多行数学环境中，每行都需要编号。如果希望取消编号，可以在行末写上\notag。

如果希望使用特定的编号样式，例如将符号或名称作为公式标签，可以使用\tag 命令，例如\tag{$\star$}将其标记为星号，或者\tag{name}将其标记为名称。

如果完全不想使用编号，可使用带星号的变体，如 align*或 gather*。

9.3.2 向公式中插入文本

要将文本插入公式中，可使用标准的 LaTeX 的\mbox 命令。amsmath 提供了更多的方式。

- ❑ \text{words}：在数学公式中插入文本。根据当前的数学样式调整文字大小。\text 会在下标或上标中生成较小的文本。
- ❑ \intertext{text}：暂停公式，然后在单独的段落中打印文本，然后恢复多行公式，保持对齐。适用于较长的文本。

当你想在数学环境中使用文本时，这些命令非常有用。

接下来我们学习数学符号。

9.4 数 学 符 号

除了编写变量和基本数学运算符，我们可能需要许多用于特定目的的符号：关系符号、一元和二元运算符、类函数运算符、求和与积分符号及其变体、箭头等。LaTeX 和附加的包提供了许多用于多种目的的符号。

本节，我们将学习一些数学符号及其生成命令。我们将介绍许多标准的 LaTeX 符号，latexsym 包提供了更多的符号。使用 amssymb 包等，可以获取更多的符号。

9.4.1　二元运算符

除了加号和减号，LaTeX 中还有其他运算符，如图 9.19 所示。

Standard LaTeX			
⨿ \amalg	∘ \circ	⊖ \ominus	⋆ \star
∗ \ast	∪ \cup	⊕ \oplus	× \times
◯ \bigcirc	† \dagger	⊘ \oslash	◁ \triangleleft
▽ \bigtriangledown	‡ \ddagger	⊗ \otimes	▷ \triangleright
△ \bigtriangleup	◇ \diamond	± \pm	⊎ \uplus
• \bullet	÷ \div	\ \setminus	∨ \vee
∩ \cap	∓ \mp	⊓ \sqcap	∧ \wedge
· \cdot	⊙ \odot	⊔ \sqcup	≀ \wr
latexsym			
⊴ \unlhd	⊵ \unrhd	▷ \rhd	◁ \lhd

图 9.19　二元运算符

要使用上图中最后一行的符号，需要在文档的前言中添加\usepackage{latexsym}。

9.4.2　二元关系运算符

如果表达式的值相等，可使用等号表示相等。但除了相等，还有另外的关系，如同余、平行，如图 9.20 所示。

Standard LaTeX			
≈ \approx	≡ \equiv	≺ \prec	≻ \succ
≍ \asymp	⌢ \frown	⪯ \preceq	⪰ \succeq
⋈ \bowtie	| \mid	∝ \propto	⊢ \vdash
≅ \cong	⊨ \models	∼ \sim	
⊣ \dashv	∥ \parallel	≃ \simeq	
≐ \doteq	⊥ \perp	⌣ \smile	
latexsym			
⋈ \Join			

图 9.20　二元关系运算符

可以在任何关系符前插入\not 进行否定。因此，要创建一个被划掉的\equiv 符，可以使用\not\equiv 来表示不等符号。

9.4.3　不等关系符

如果表达式不相等，我们可以用不同的方式描述不等关系，如图 9.21 所示。

图 9.21　不等关系符

这里，\neq 的外观与\not=相同。

9.4.4　子集和父集运算符

用于比较集合并表达它们之间关系的符号如图 9.22 所示。

Standard LaTeX		
⊑ \sqsubseteq	⊂ \subset	⊃ \supset
⊒ \sqsupseteq	⊆ \subseteq	⊇ \supseteq
latexsym		
⊏ \sqsubset		⊐ \sqsupset

图 9.22　子集和父集符号

也可以使用\not 否定这些集合关系。

9.4.5　箭头

LaTeX 提供了许多不同的箭头，如图 9.23 所示。

Standard LaTeX		
↓ \downarrow	⟸ \Longleftarrow	⇒ \Rightarrow
⇓ \Downarrow	⟷ \longleftrightarrow	↘ \searrow
↩ \hookleftarrow	⟺ \Longleftrightarrow	↙ \swarrow
↪ \hookrightarrow	⟼ \longmapsto	↑ \uparrow
← \leftarrow	⟶ \longrightarrow	⇑ \Uparrow
⇐ \Leftarrow	⟹ \Longrightarrow	↕ \updownarrow
↔ \leftrightarrow	↦ \mapsto	⇕ \Updownarrow
⇔ \Leftrightarrow	↖ \nwarrow	
⟵ \longleftarrow	→ \rightarrow	
latexsym		
⤳ \leadsto		

图 9.23　箭头

箭头用于指示、映射或描述性表达式。

9.4.6　鱼叉箭头

LaTeX 中还有一类特殊的箭头，称为鱼叉箭头，如图 9.24 所示。

↽ \leftharpoondown	⇁ \rightharpoondown	⇌ \rightleftharpoons
↼ \leftharpoonup	⇀ \rightharpoonup	

图 9.24　鱼叉箭头

鱼叉箭头可在化学反应式中使用。

9.4.7　类字母符号

数学公式中还会使用一些类字母符号，如图 9.25 所示。

Standard LaTeX			
⊥ \bot	∀ \forall	ι \imath	∋ \ni	⊤ \top
ℓ \ell	ℏ \hbar	∈ \in	∂ \partial	℘ \wp
∃ \exists	ℑ \Im	ȷ \jmath	ℜ \Re	

latexsym
℧ \mho

图 9.25　类字母符号

数学推导中经常使用\in、\forall 和\exists。

9.4.8　杂项符号

除了前面介绍的符号，LaTeX 中还有杂项符号，如图 9.26 所示。

Standard LaTeX			
ℵ \aleph	∅ \emptyset	∇ \nabla	♯ \sharp
∠ \angle	♭ \flat	♮ \natural	♠ \spadesuit
♣ \clubsuit	♡ \heartsuit	¬ \neg	√ \surd
◇ \diamondsuit	∞ \infty	′ \prime	△ \triangle

latexsym		
□ \Box		◇ \Diamond

图 9.26　杂项符号

"Comprehensive LaTeX Symbol List"中列出了大约 15000 个不同分类的符号。如果需要搜索符号,可查看此文档。像之前一样,可以在 TeX Live 中使用以下代码,在命令提示符下打开此文档。

```
texdoc symbols
```

或者,访问 https://texdoc.org/pkg/symbols,阅读该符号列表。

也可以采用手写符号识别方法。使用鼠标(或在触摸屏上用手指)画出一个符号,软件会尝试识别该符号并输出其代码。示例如下。

(1)访问 https://detexify.kirelabs.org。

(2)在白框中画出符号。即使画得不美观也没关系,如图 9.27 所示。

(3)几秒钟后,就能得到符号和相应的代码,如图 9.28 所示。

图 9.27　手写符号

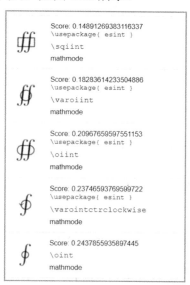

图 9.28　符号和代码建议

Detexify 还提供了名称搜索功能。单击顶部的符号按钮,输入单词,Detexify 将显示与该单词匹配的符号和命令。

9.4.9　单位

文本中的单位应区别于变量的外观。例如,用于表示米的 m 不应该与变量 m 完全相同。同样,s 可以表示秒,但不是变量 s。一种排版约定是使用直立字体来表示单位,而变量则使用斜体字书写。此外，通常在值和单位之间使用间距。因此，对于 10 米，可以写成 10\,\mathrm{m}。但这样非常耗时。此时可以使用 siunitx 包，它支持正确和一致的单位排版。如果要参考阅读 siunitx 包的文档，在命令提示符下运行 texdoc siunitx，或访问 https://texdoc.org/pkg/siunitx。

9.4.10　可变尺寸运算符

对于求和、乘积及集合运算，可以使用大小可变的运算符号：它们在行间样式下更大，在文本样式下更小，如图 9.29 所示。

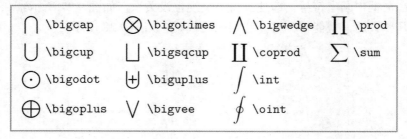

$\bigcap$ \bigcap	$\bigotimes$ \bigotimes	$\bigwedge$ \bigwedge	$\prod$ \prod
$\bigcup$ \bigcup	$\bigsqcup$ \bigsqcup	$\coprod$ \coprod	$\sum$ \sum
$\bigodot$ \bigodot	$\biguplus$ \biguplus	$\int$ \int	
$\bigoplus$ \bigoplus	$\bigvee$ \bigvee	$\oint$ \oint	

图 9.29　大小可变的运算符

接下来查看下面这段代码。

```
\(
    \int_a^b \! f(x) \, dx = \lim_{\Delta x \rightarrow 0}
    \sum_{i=1}^{n} f(x_i) \,\Delta x_i
\)
```

这段代码输出如下，如图 9.30 所示。

$$\int_a^b f(x)\,dx = \lim_{\Delta x \to 0} \sum_{i=1}^n f(x_i)\,\Delta x_i$$

图 9.30　行内样式公式

对于该公式，将其转换为行间样式。

```
\[
    \int_a^b \! f(x) \, dx = \lim_{\Delta x \rightarrow 0}
    \sum_{i=1}^{n} f(x_i) \,\Delta x_i
\]
```

行间样式的公式输出如图 9.31 所示。

$$\int_a^b f(x)\,dx = \lim_{\Delta x \to 0} \sum_{i=1}^n f(x_i)\,\Delta x_i$$

图 9.31 行间样式公式

可以看到，行间样式中的符号更大。

9.4.11 可变尺寸分隔符

分隔符，如括号、方括号和大括号，可以改变大小。以下是 LaTeX 中的分隔符，如图 9.32 所示。

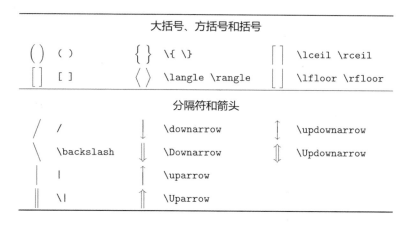

图 9.32 大小可变的分隔符

如果在分隔符之前写\left 或\right，则其大小将自动与内部表达式的大小匹配。我们必须成对使用这些宏。如果不希望有成对的分隔符，可使用\left.或\right.在一侧获得不可见的分隔符。

自动调整大小的分隔符对于较大的组合数学公式（如矩阵）非常有用，下一节展开介绍。

9.5 数 学 结 构

变量和常量相对简单。此外，还有更复杂的对象，如二项式系数、向量和矩阵。本节介绍如何排版这些数学结构。

首先，从简单的数组开始。

9.5.1　数组

为了在表达式中插入数学表达式，可使用 array 环境，它的使用方式和 tabular 环境一样。但是，需要使用数学模式，并且它的所有条目也都使用数学模式制作。

例如，可以在数组周围使用大小可变的括号。

```
\[
    A = \left(
        \begin{array}{cc}
            a_{11} & a_{12} \\
            a_{21} & a_{22}
        \end{array}
    \right)
\]
```

输出矩阵如图 9.33 所示。

矩阵有特定的命令。

9.5.2　矩阵

amsmath 包提供许多特殊的矩阵环境。标准矩阵可以使用 pmatrix 环境排版。

$$A = \left(\begin{array}{cc} a_{11} & a_{12} \\ a_{21} & a_{22} \end{array} \right)$$

图 9.33　一个简单的数组

```
\documentclass{article}
\usepackage{amsmath}
\begin{document}
\[
    A = \begin{pmatrix}
        a_{11} & a_{12} \\
        a_{21} & a_{22}
    \end{pmatrix}
\]
\end{document}
```

输出如图 9.34 所示。

注意，与上一节中的数组示例相比，括号与矩阵条目更接近。这种更紧凑的版式来自 amsmath 样式。以下是 amsmath 矩阵环境及其分隔符。

$$A = \begin{pmatrix} a_{11} & a_{12} \\ a_{21} & a_{22} \end{pmatrix}$$

图 9.34　一个简单的矩阵

- ❑ matrix：无分隔符。
- ❑ pmatrix：圆括号 ( )。
- ❑ bmatrix：方括号 [ ]。
- ❑ Bmatrix：大括号 { }。
- ❑ vmatrix：单竖线 | |。
- ❑ Vmatrix：双竖线|| ||。
- ❑ smallmatrix：无分隔符。如果需要可以添加，更加紧凑。

紧凑的 smallmatrix 环境对于在常规文本中使用的矩阵非常有用。

9.5.3 二项式系数

可以结合使用 array 和分隔符编写二项式系数和矩阵。但是，amsmath 包提供了更简短的命令，例如使用\binom 编写二项式系数。

```
\binom{n}{k} = \frac{n!}{k!(n-k)!}
```

输出如图 9.35 所示。

与数组或矩阵相比，这种语法更简单直接，很适合小型表达式。

$$\binom{n}{k} = \frac{n!}{k!(n-k)!}$$

图 9.35　方程式中的二项式系数

9.5.4 下画线和上画线

\overline 会在其参数上方放置一条线。

```
\overline{\Omega}
```

输出如图 9.36 所示。

对应的下画线命令是\underline。

除了线，还可以使用大括号。使用大括号的命令是
\underbrace 和\overbrace。

$$\overline{\Omega}$$

图 9.36　带上画线的欧米伽符号

```
N = \underbrace{1 + 1 + \cdots + 1}_n
```

输出如图 9.37 所示。

$$N = \underbrace{1 + 1 + \cdots + 1}_{n}$$

图 9.37　在表达式下方的下括号

下标写在下括号下面，上标写在上括号上方。

9.5.5　重音符号

在第 2 章中，我们学习了如何在文本模式下编写重音符号。对于数学模式，我们需要不同的命令。我们可以将重音符号应用于任何字母。以下是使用小写字母 a 为例的数学重音符号列表，如图 9.38 所示。

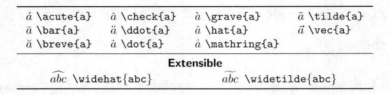

图 9.38　各种数学重音符号

可扩展的重音符号也称为宽重音符号，能适应其参数的宽度。

9.5.6　叠放符号

除了 array 环境，amsmath 中有命令可直接堆叠表达式。

❑　\underset{expression below}{expression}将一个表达式放在另一个表达式下方，下方表达式使用下标大小。

❑　\overset{expression above}{expression}将一个表达式放在另一个表达式上方，上方表达式使用上标大小。

以下是如何使用这些命令的示例。

```
\underset{\circ}{\cap} \neq \overset{\circ}{\cup}
```

代码的输出如图 9.39 所示。

$$\underset{\circ}{\cap} \neq \overset{\circ}{\cup}$$

图 9.39　把符号放在另一符号上方或下方

另一个方便的命令是\stackrel{expression above}{relation}。例如，看下面的公式。

```
X \stackrel{\text{def}}{=} 0
```

代码的输出如图 9.40 所示。

$$X \stackrel{\mathrm{def}}{=} 0$$

图 9.40 关系符号上方的文本

`\stackrel` 将表达式放在关系符号上方。

9.5.7 定理和定义

LaTeX 为定理、定义等内容提供了环境。回到本章的第一个示例，可以使用
`\newtheorem` 命令定义定理环境 `thm`，具体如下。

```
\newtheorem{thm}{Theorem}
```

然后，我们可以声明定义环境。这里将其定义为 `dfn`。

```
\newtheorem{dfn}[thm]{Definition}
```

我们可以使用可选参数引用现有的环境（这里是 `thm`）。这个新环境使用与已有环
境相同的计数器。在示例中，这意味着在 *Theorem 1* 之后是 *Definition 2*。

可以按照以下方式使用这些环境。

```
\begin{dfn}
   A quadratic equation is an equation of the form
   \begin{equation}
      \label{quad}
      ax^2 + bx + c = 0,
   \end{equation}
   where \( a, b \) and \( c \) are constants and \( a \neq 0
\).
\end{dfn}
\begin{thm}
   A quadratic equation (\ref{quad}) has two solutions for the
   Variable \( x \):
   \begin{equation}
      \label{root}
         x_{1,2} = \frac{-b \pm \sqrt{b^2-4ac}}{2a}.
   \end{equation}
\end{thm}
```

它的输出如图 9.41 所示。

Definition 1 *A quadratic equation is an equation of the form*

$$ax^2 + bx + c = 0, \tag{1}$$

where a, b and c are constants and $a \neq 0$.

Theorem 2 *A quadratic equation (1) has two solutions for the Variable x:*

$$x_{1,2} = \frac{-b \pm \sqrt{b^2 - 4ac}}{2a}. \tag{2}$$

图 9.41   定义和定理

在输出中，这些环境分别被编号和标记为 Definition 和 Theorem。在第 11 章中，当我们准备大型文档时，将使用它来创建包含定义、定理和引理的完整文档。

另外，有两个特殊的包能提供更多的功能。

❑   amsthm 提供了几种样式，支持精细的定制，并提供了证明环境。

❑   ntheorem 也提供了类似的环境，但以"所见即所得"的方式，用结束标记关闭环境。

如果想使用这些环境，可查看它们的文档，并比较相关特性以决定哪个包最适合。像前文一样，在命令提示符中执行 texdoc amsthm 和 texdoc ntheorem，或访问 https://texdoc.org/pkg/amsthm 和 https://texdoc.org/pkg/ntheorem。

选择其中一个包即可，不要同时加载两个。

9.5.8   更多数学工具

如果要查看 amsmath 中的所有数学排版选项，可在命令行中输入 texdoc amsmath，或访问 https://texdoc.org/pkg/amsmath。

mathtools 包扩展了 amsmath。如果需要某个特定功能，并且在标准 LaTeX 或 amsmath 中找不到，可查看 mathtools。以下是其中一些特性。

❑   用于微调数学排版的工具，如更紧凑的上标样式。

❑   连续运算符的垂直对齐限制。

❑   调整运算符的宽度。

❑   更好地控制标签。修改标签的外观，并仅为已引用的方程显示标签。

❑   可扩展符号。更多的箭头，自动调整箭头的宽度。还提供可设置在表达式下方或上方的可扩展括号和大括号。

- ❑ 新的数学环境，用于更灵活的矩阵、分段函数、改进的多行公式和对齐公式之间的箭头。
- ❑ 更小的行内间距。
- ❑ 声明成对分隔符。
- ❑ 其他符号，如垂直居中的冒号，以及与冒号相关的关系符号组合，自动调整大小的括号的快捷方式。
- ❑ 技巧，如在多行公式中断行、设置左下标和上标、在斜体文本中排版数学内容，以及制作多行分数。

查看 mathtools 包的文档，在命令提示符下运行 texdoc mathtools 或访问 https://texdoc.org/pkg/mathtools。

在 *LaTeX Cookbook* 一书的第 10 章中，提供了许多使用 mathtools 包的示例。访问 https://latex-cookbook.net/tag/mathematics/，可以查看并在线运行示例，包括数学公式微调、公式自动换行、绘制函数及绘制图表和几何图形。

9.6　总　　结

现在我们可以编写复杂的数学公式，并且已经掌握了编写科研论文所需的工具。本章使用的是 amsmath 包，该包提供了许多数学排版功能。

我们现在可以微调数学表达式、对齐和为方程编号，并使用各种数学符号。下一章将介绍如何处理字体。

第 10 章　字　　体

文本所用的字体对文档外观有巨大的影响。可以选择一个特别清晰易读的字体用于长篇写作，或选择华丽的书法字体用于贺卡。对于求职信，则使用非常清晰严肃的字体，而数学文章则需要具有许多符号的字体和与之匹配的文本字体。

到目前为止，我们一直在介绍字体的属性。虽然我们始终使用 LaTeX 标准字体，但在第 2 章中，我们将字体从 roman 切换到 sans-serif 或 typewriter，并学习了如何使文本加粗、斜体或倾斜，却从未使用非标准字体集。

在本章中，我们将学习以下内容。
- 使用字体包。
- 使用特定的字体族。
- 使用任意字体。

在留意文本的外观时，如果字体支持数学符号，我们也将关注数学公式的设计。

由于本书是以位图的形式印刷和制作电子书，因此在本章中的字体样本中看不出原始的 LaTeX 质量。访问 https://latexguide.org/chapter-10 查看原始的 LaTeX 和 PDF 质量的字体，以较大的尺寸查看字体示例，以便突出细节和差异。

我们从一个示例开始，作为本章使用字体的基础。

10.1　技 术 要 求

可以使用本地的 LaTeX，也可以在线编译示例代码，网址为 https://latexguide.org/chapter-10。

本章代码可从 GitHub 获取，地址是 https://github.com/PacktPublishing/LaTeX-Beginner-s-Guide-2nd-Edition-/tree/main/Chapter_10_-_Using_Fonts。

本章将使用这些包：arev、beramono、bookman、calligra、charter、cmbright、concmath、concrete、courier、fontenc、fouriernc、helvet、inconsolata、kerkis、kmath、kpfonts、kurier、lmodern、mathdesign、miama、newcent、newpx、newpxmath、newtx、newtxmath、sfmath 和

unicode-math。

此外，我们还将简要讨论这些包：cm-super、inputenc 和 sansmath。

读者可以在 *LaTeX Cookbook* 一书的第 3 章"调整字体"中查看其他高级代码示例，该书的网站上提供了可编译的代码，地址是 https://latex-cookbook.net/chapter-3。

10.2 字 体 包

我们从字体包开始介绍。为了测试字体，我们可以使用一个"pangram"（字母表），这个词源于希腊语，**pan gramma** 的意思是每个字母。它表示一句话，这句话包含了字母表中的每个字母。因此，pangram 非常方便用于显示字体。

我们使用 Latin Modern 字体族打印一句非常著名的 pangram 短语。Latin Modern 非常类似于默认的 LaTeX 字体 Computer Modern，但是 Latin Modern 包含许多额外的字符，其中大部分是带有重音符号的字符。由于这个优势和该字体的高质量，我们可以将其视为标准字体的替代品。让我们看看它在各种字体族和形状中的效果，以及在数学公式中的效果。

（1）新建文档。

```
\documentclass{article}
```

（2）创建带有额外数字的 pangram 宏，它有一个参数，即字体族或形状选择命令。在段落末尾添加换行符，具体如下。

```
\newcommand{\pangram}[1]{{#1 The quick brown fox
jumps over the lazy dog. 1234567890\par}}
```

（3）加载 fontenc 包并选择 T1 字体编码。

```
\usepackage[T1]{fontenc}
```

（4）加载 lmodern 宏包以获取 Latin Modern 字体。

```
\usepackage{lmodern}
```

（5）开始文档，并选择一个 large 字体大小，以便清楚地看到细节。

```
\begin{document}
\large
```

（6）多次调用\pangram 宏，并带有不同的字体设置。

```
\pangram{\rmfamily}
\pangram{\sffamily}
\pangram{\ttfamily}
\pangram{\itshape}
\pangram{\slshape}
```

（7）为了获得数学字体示例，我们使用第 9 章中图 9.29 的代码编写数学公式。

```
\[
   \int_a^b \! f(x) \, dx = \lim_{\Delta x \rightarrow 0}
   \sum_{i=1}^{n} f(x_i) \,\Delta x_i
\]
\end{document}
```

（8）单击"排版"按钮进行编译，查看字体示例，如图 10.1 所示。

The quick brown fox jumps over the lazy dog. 1234567890
The quick brown fox jumps over the lazy dog. 1234567890
The quick brown fox jumps over the lazy dog.　1234567890
The quick brown fox jumps over the lazy dog. 1234567890
The quick brown fox jumps over the lazy dog. 1234567890

$$\int_a^b f(x)\,dx = \lim_{\Delta x \to 0} \sum_{i=1}^{n} f(x_i)\,\Delta x_i$$

图 10.1　Latin Modern 字体示例

在\pangram 宏中，我们用了一对大括号。在参数{{...}}中，外部大括号包含 \newcommand 的参数，而内部大括号则包含了命令，以限制字体命令的效果。

> **笔记**
>
> 　\pangram 宏只是演示，因此不必为每个字体族重复演示句子。在日常文档中，加载字体包并直接编写文本即可。如有需要，可以根据需要修改字体设置。

在第（3）步中，我们选择了一种字体编码。在技术上，编码是将字符代码映射到字体符号的过程。对于西欧语言和英语，T1 字体编码是非常值得推荐的。它也被称为 Cork 编码，因为它是在爱尔兰科克市的一次 TeX 用户组会议期间开发的。默认的 LaTeX 字体编码称为 OT1。与 OT1 相比，T1 编码具有更大的编码表，这显著提高了带重音符号字符的内部处理能力。

例如，使用默认旧 LaTeX 编码，带重音符号的字符 ö 是由 o 和点的符号组合而成，以在 PDF 文件中打印。而在 T1 中，ö 是当前字体的单个符号。因此，LaTeX 也可以正确地应用连字规则，以适用包含重音符号字符的单词。PDF 阅读器的搜索功能也适用于这些字符，并且从 PDF 文件中复制和粘贴也可以正常工作。而在默认的 OT1 编码中，复制和粘贴字符 ö 将显示点和 o。

> **提示**
>
> 　　如果你发现使用 T1 编码后出现文字质量下降，可能是因为缺失字体了。此时，可以安装 cm-super 包，或切换为以下章节中的字体。

你还可能会遇到输入编码这个术语。现代操作系统和编辑器支持 UTF8-Unicode，这是一种扩展了 ASCII 码的行业标准文本编码。LaTeX 直接支持 UTF8，因此不需要做任何事。如果你在旧书或互联网的代码中遇到 inputenc 包，可以忽略它。

现在，我们查看一些带有示例的字体。它们都支持 T1 编码，因此在加载字体之前，使用以下命令。

```
\usepackage[T1]{fontenc}
```

在接下来的几节中，我们将探讨不同的字体。

10.2.1　Latin Modern——标准字体的替换

Latin Modern 被设计成类似于默认的 LaTeX 字体，但改进了编码，并进行了一些微调。相比之下，Computer Modern 是通过字母和重音符号构建这些字符，而 Latin Modern 包含许多带有发音符号的字符。

Latin Modern 内部包含 72 种文本字体和 20 种数学字体，可以与所有字体族、形状和粗细配合使用。在图 10.1 中，可以看到它的使用。

10.2.2　Kp-Fonts——另一个字体扩展集

Johannes Kepler 项目的 Kp-Fonts 提供了衬线体、无衬线体和等宽字体，以及不同形状和粗细的数学符号字体。甚至还提供了粗体扩展和斜体衬线小型大写字母等组合。

只需加载该包即可使用这些字体。

```
\usepackage{kpfonts}
```

如图 10.2 所示，前面的示例将变成如下。

The quick brown fox jumps over the lazy dog. 1234567890
The quick brown fox jumps over the lazy dog. 1234567890
The quick brown fox jumps over the lazy dog.　1234567890
The quick brown fox jumps over the lazy dog. 1234567890
The quick brown fox jumps over the lazy dog. 1234567890

$$\int_a^b f(x)\,dx = \lim_{\Delta x \to 0} \sum_{i=1}^{n} f(x_i)\,\Delta x_i$$

图 10.2　Kepler 字体示例

Kp-Fonts 提供了具有相同字体大小的轻型版本。轻型版本在印刷时可能看起来很好，但轻版外观可能不适合屏幕阅读。

要切换到轻型字体集，使用 light 选项加载该包。

```
\usepackage[light]{kpfonts}
```

变化后的外观如图 10.3 所示。

The quick brown fox jumps over the lazy dog. 1234567890
The quick brown fox jumps over the lazy dog. 1234567890
The quick brown fox jumps over the lazy dog.　1234567890
The quick brown fox jumps over the lazy dog. 1234567890
The quick brown fox jumps over the lazy dog. 1234567890

$$\int_a^b f(x)\,dx = \lim_{\Delta x \to 0} \sum_{i=1}^{n} f(x_i)\,\Delta x_i$$

图 10.3　Kepler 轻型字体示例

接下来，我们来看看具有专属样式的专业字体包。

10.3　使用指定字体族

本节探索更多独特的 TeX 字体。我们使用前一节的 \pangram 宏和相应的字体族命令进行测试。

10.3.1　衬线字体

字母或符号中连接到较大笔画的小线或笔画称为衬线。经常使用这种衬线的字体称为衬线字体或衬线字型。

　　LaTeX 中默认的衬线字体称为计算机现代罗马体。Latin Modern 提供了非常相似的字体，Kp-Fonts 也是衬线字体。有一些包专注于衬线字体，列举如下。

1. Times Roman

`newtx` 包定义了 Times 字体和匹配的数学字体。

它被拆分成两个部分，因此可以独立使用，例如使用不同的数学字体。以如下方式进行加载。

```
\usepackage{newtxtext}
\usepackage{newtxmath}
```

使用 `\pangram{\rmfamily}` 和数学公式，得到如下结果，如图 10.4 所示。

$$\int_a^b f(x)\,dx = \lim_{\Delta x \to 0} \sum_{i=1}^n f(x_i)\,\Delta x_i$$

图 10.4　Times Roman 字体

　　可以看出，Times 是一种非常适合多列文本（如报纸）的紧凑字体，但不太适合单列文本，因为宽行会影响可读性。

2. Palatino

`newpx` 包定义了 Palatino 字体和匹配的数学字体。该包由两部分组成，可独立使用，因此我们以这种方式加载它。

```
\usepackage{newpxtext}
\usepackage{newpxmath}
```

输出如图 10.5 所示。

The quick brown fox jumps over the lazy dog. 1234567890

$$\int_a^b f(x)\,dx = \lim_{\Delta x \to 0} \sum_{i=1}^n f(x_i)\,\Delta x_i$$

图 10.5　Palatino 字体

　　可以看到，Palatino 比 Times 宽得多。

3. Charter

Charter 类似于默认的计算机现代字体，但更重。按照以下方式加载它。

```
\usepackage{charter}
```

为了得到适当的数学支持，使用 `charter` 选项加载 `mathdesign` 包，而不是直接加载 `charter`。

```
\usepackage[charter]{mathdesign}
```

输出如图 10.6 所示。

The quick brown fox jumps over the lazy dog. 1234567890

$$\int_a^b f(x)\,dx = \lim_{\Delta x \to 0} \sum_{i=1}^n f(x_i)\,\Delta x_i$$

图 10.6   Charter 和 mathdesign 字体

---

mathdesign 包的文本字体

除了 `charter`，`mathdesign` 还可以通过 `\usepackage[utopia]{mathdesign}` 加载 Utopia 字体，通过 `\usepackage[garamond]{mathdesign}` 加载 Garamond 字体。

---

4. New Century Schoolbook

`newcent` 包提供了这种易于阅读的衬线字体 New Century Schoolbook。

```
\usepackage{newcent}
```

为了得到合适的数学字体，可以加载 Fourier 数学字体。

```
\usepackage{fouriernc}
```

输出如图 10.7 所示。

The quick brown fox jumps over the lazy dog. 1234567890

$$\int_a^b f(x)\,dx = \lim_{\Delta x \to 0} \sum_{i=1}^n f(x_i)\,\Delta x_i$$

图 10.7   New Century Schoolbook 和 Fourier 字体

fouriernc 包中的 nc 表示 New Century，因为它们是一同使用的。

5. Concrete Roman

Concrete Roman 字体可能在屏幕上看起来不完美，但在印刷品质方面很高。使用该字体只需加载 concrete 包。

```
\usepackage{concrete}
```

此外，对于 Concrete Roman，还有一个匹配的数学字体包，称为 concmath。

```
\usepackage{concmath}
```

该字体输出如图 10.8 所示。

$$\int_a^b f(x)\,dx = \lim_{\Delta x \to 0} \sum_{i=1}^n f(x_i)\,\Delta x_i$$

The quick brown fox jumps over the lazy dog. 1234567890

图 10.8　支持数学的 Concrete Roman 字体

使用竖直的积分符号和非衬线求和符号，Concrete Roman 看起来很独特。

6. Bookman

Bookman 是一种老式衬线字体，由 bookman 包提供，可以通过以下命令加载。

```
\usepackage{bookman}
```

Kerkis 字体是带有数学支持的 bookman 扩展版本，这意味着也可以加载它来代替 bookman。

```
\usepackage{kmath}
\usepackage{kerkis}
```

该字体输出如图 10.9 所示。

The quick brown fox jumps over the lazy dog. 1234567890

$$\int_a^b f(x)\,dx = \lim_{\Delta x \to 0} \sum_{i=1}^n f(x_i)\,\Delta x_i$$

图 10.9　带有数学支持的 Kerkis，又称为 Bookman

更加强化的 Bookman 版本的字体是 TeX Gyre Bonum。但是，尤其是在数学领域，最好将其用作 OpenType 字体。在本章的 10.4 节中，我们将处理此问题。

> **字体名称**
>
> 　　相同或类似的字体可能具有不同的名称。这通常是出于法律原因，因为字体名称会受到保护，但可以使用字体的设计。

10.3.2　无衬线字体

无衬线字体仅指没有使用衬线的字体。它们可能看起来更加笔直和清晰，很适合用于演示文稿。

当加粗无衬线字时，它们不像衬线字体那样显得过粗。因此适合用于标题，但许多人仍认为衬线文本的可读性更好。

这就是 KOMA-Script 类默认在文档正文中使用衬线字体，而在标题中使用无衬线字体的原因。

如果需要，可使用以下命令将正文字体修改为无衬线字体。

```
\renewcommand{\familydefault}{\sfdefault}
```

现在已经知道 Latin Modern 和 Kp-Fonts 提供了无衬线字体。接下来看一些特定的无衬线字体。

1. Arev

`Arev` 是专为幻灯片演示设计的无衬线字体。它的名字反过来是 Vera，因为它是扩展的 `Vera Sans` 字体，后者源自 Frutiger 字体。Arev 添加了数学支持。使用以下命令加载它。

```
\usepackage{arev}
```

文本和数学变成了以下内容，如图 10.10 所示。

$$\text{The quick brown fox jumps over the lazy dog. 1234567890}$$

$$\int_a^b f(x)\,dx = \lim_{\Delta x \to 0} \sum_{i=1}^{n} f(x_i)\,\Delta x_i$$

图 10.10　类似于 Frutiger 的 Arev 字体

注意，积分和求和符号仍然显示衬线。

2. Computer Modern Bright

CM Bright 是从 Computer Modern Sans Serif 派生而来的，具有更轻的字体。`cmbright`

包提供了这种字体，以及轻型打字机字体和无衬线数学字体。使用以下命令加载它。

```
\usepackage{cmbright}
```

示例代码的输出如图 10.11 所示。

The quick brown fox jumps over the lazy dog. 1234567890

$$\int_a^b f(x)\,dx = \lim_{\Delta x \to 0} \sum_{i=1}^n f(x_i)\,\Delta x_i$$

图 10.11　Computer Modern Bright 字体

与其他无衬线字体相比，它比较柔和。由于字重不同，最好不要将其与较重的衬线字体结合使用。

3. Kurier

有些无衬线字体看起来很相似，差异在细节上。例如，图 10.12 中 Kurier 字体的字母 g 和数学符号。使用以下命令加载。

```
\usepackage{kurier}
```

使用 math 选项可以获得数学支持。

```
\usepackage[math]{kurier}
```

编译示例代码，结果如图 10.12 所示。

The quick brown fox jumps over the lazy dog. 1234567890

$$\int_a^b f(x)\,dx = \lim_{\Delta x \to 0} \sum_{i=1}^n f(x_i)\,\Delta x_i$$

图 10.12　Kurier 字体

在这种情况下，即使没有衬线，积分和求和符号也是连续的。

4. Helvetica

传统的无衬线字体 Helvetica 非常简洁明了。微软制作的字体 Arial 起源自 Helvetica。使用以下方式加载该字体。

```
\usepackage{helvet}
```

如果字体看起来太大，特别是与衬线字体一起使用时，可以使用 scaled 选项。例如，要将字体缩小一些，可以使用以下方式。

```
\usepackage[scaled=0.95]{helvet}
```

Helvetica 不提供直接的数学支持，需要借助 `sfmath` 包。

```
\usepackage{sfmath}
```

如果在文档的前言部分添加 `sfmath` 包，则当前的无衬线文本字体也能在数学公式中使用。将其加载在其他字体包之后，以便检测字体。有关示例、更多选项和使用 `sansmath` 包的替代方法，参考 *LaTeX Cookbook* 中的第 3 章"调整字体"。

像本节中一样加载 `helvet` 和 `sfmath`，输出如图 10.13 所示。

The quick brown fox jumps over the lazy dog. 1234567890

$$\int_a^b f(x)\, dx = \lim_{\Delta x \to 0} \sum_{i=1}^n f(x_i)\, \Delta x_i$$

图 10.13　Helvetica 示例

在 `sfmath` 作者的主页 `https://dtrx.de/od/tex/sfmath.html` 上，可以找到更多信息。

10.3.3　Typewriter 字体

打字机字体，也叫等宽字体，广泛用于源代码，就像本书中一样。我们将介绍其中的三种。

1. Courier

Courier 是一种非常宽的打字机字体。可以使用以下命令载入它。

```
\usepackage{courier}
```

然后，使用\ttfamily 或\texttt，我们将得到以下结果，如图 10.14 所示。

```
The quick brown fox jumps over the lazy dog.   1234567890
```

图 10.14　Courier 字体

如果它与标准文档字体相比太大，可以通过加载 `couriers` 包（s 代表 `scaled`）使用缩放选项，例如：

```
\usepackage[scaled=0.95]{couriers}
```

这样我们就可以得到 95% 原始大小的 Courier 字体。

2. Inconsolata

Inconsolata 是一种非常美观的等宽字体，专门用于源代码。它易于阅读，不像 Courier 那么宽。使用以下命令载入它。

```
\usepackage{inconsolata}
```

输出如图 10.15 所示。

```
The quick brown fox jumps over the lazy dog. 1234567890
```

图 10.15　Inconsolata 字体

与 Courier 相比，它是无衬线字体，也可以使用 scaled 选项。

3. Bera Mono

Bera Mono 是另一种无衬线打字机字体。使用以下命令加载。

```
\usepackage{beramono}
```

效果如图 10.16 所示。

```
The quick brown fox jumps over the lazy dog.  1234567890
```

图 10.16　Bera Mono 字体

该字体也可以指定 scaled 选项。

10.3.4　书法字体

书法字体是一种类似手写流畅笔画的字体。我们选择两种美观的手写字体进行讲解。

1. Calligra

像之前一样加载字体。

```
\usepackage{calligra}
```

要切换到该字体，可以在文本中使用 \calligra 命令。如局部切换命令一样，该字体在周围的环境或组 {...} 结束之前有效。它也可以与 \pangram 宏一起使用，例如：

```
\pangram{\calligra}
```

这将打印以下内容，如图 10.17 所示。

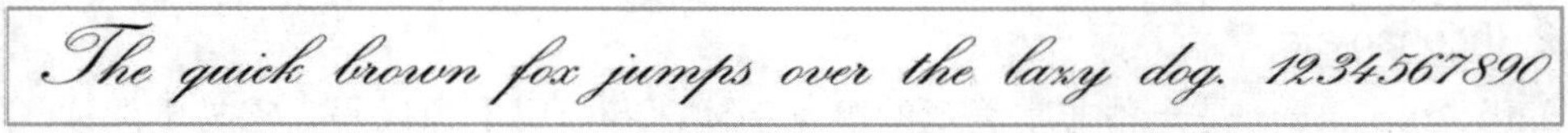

图 10.17　Calligra 手写字体

大写字母和带有尾巴的字母具有别致的外观。

2. Miama Nueva

Miama Nueva 可以写出美观的上行字母和下行字母。使用以下命令加载它。

```
\usepackage{miama}
```

然后，用 \fmmfamily 命令切换到该字体。同样，如果想将字体限制在一段文本中，可以在组 {...} 或环境中使用它。可以再次使用 \pangram 宏。

```
\pangram{\fmmfamily}
```

输出如图 10.18 所示。

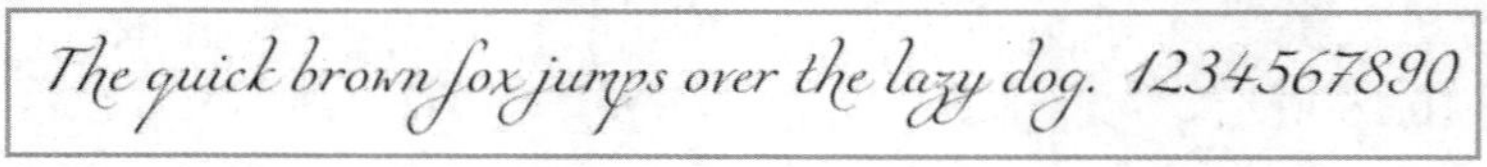

图 10.18　Miama Nueva 手写字体

Miama Nueva 非常具有艺术性，可以用在婚礼请柬上。

探索更多 LaTeX 字体

　浏览 LaTeX 字体的最佳方式是打开 LaTeX 字体目录，地址是 https://www.tug.org/FontCatalogue/。该目录展示了 LaTeX 中的免费字体，它基于 TeX Live。LaTeX 字体目录中包含示例和代码，以及其他实用信息。浏览目录，选中某个字体，就可以查看其示例、用法和代码。

还有其他字体可供使用，下一节进行讲解。

10.4　使用任意字体

有成千上万种字体可供选择，还可以是不为 LaTeX 专门准备的字体。可以是操作系统字体、TrueType 字体，或现代 OpenType 字体。

我们使用一些在 Windows 10 系统上可用的字体。

10.4.1　选择主字体

通过 Windows 开始菜单打开"设置/字体",或查看文件夹 C:\Windows\Fonts 来查看安装的字体。Segoe UI 字体有多个名称,我们选择 Segoe UI Semilight,使用方法如下。

(1) 新建文档。

```
\documentclass{article}
```

(2) 加载 fontspec 宏包,它提供了字体选择命令。

```
\usepackage{fontspec}
```

(3) 选择主字体。

```
\setmainfont{Segoe UI Semilight}
```

(4) 使用大型文本编写文档正文。

```
\begin{document}
\large
The quick brown fox jumps over the lazy dog. 1234567890
\end{document}
```

(5) 使用新方式,选择 LuaLaTeX 或 XeLaTeX 作为编译引擎。在 TeXworks 中,这是一个下拉列表,就在"编译"按钮旁边,如图 10.19 所示。

图 10.19　选择 LuaLaTeX

(6) 单击"排版"按钮进行编译,查看输出,如图 10.20 所示。

The quick brown fox jumps over the lazy dog. 1234567890

图 10.20　Microsoft Windows 10 的 Segoe UI Semilight

字体选择相当容易:只需加载宏包,使用命令。现在让我们尝试在文档中使用多个字体。

10.4.2　选择多个字体族

我们可以在 Windows 上查找更多已经安装的字体，通过 Windows 开始菜单中的"设置/字体"，或查看 C:\Windows\Fonts 文件夹。这次，我们将选择以下内容。

- ❑ Cambria 作为具有衬线的主字体。
- ❑ Segoe UI 作为无衬线字体。
- ❑ Lucida Console 作为打字机字体。
- ❑ Cambria Math 作为有衬线数学字体。

所有这些都是 Windows 安装的字体。

因此，我们创建一个显示所有这四种字体的文档，步骤如下。

（1）新建文档，再次输入 \pangram 宏以进行测试。

```
\documentclass{article}
\newcommand{\pangram}[1]{{#1 The quick brown fox
jumps over the lazy dog. 1234567890\par}}
```

（2）加载 fontspec 包和 unicode-math 包。后者用于选择数学字体，具体如下。

```
\usepackage{fontspec}
\usepackage{unicode-math}
```

（3）如本节开始时所计划的那样设置字体。使用可选参数自动缩放字体，使小写字母高度与主字体的小写字母高度相匹配，具体如下。

```
\setmainfont{Cambria}
\setsansfont{Segoe UI}[Scale=MatchLowercase]
\setmonofont{Lucida Console}[Scale=MatchLowercase]
\setmathfont{Cambria Math}[Scale=MatchLowercase]
```

（4）然后，再次编写测试文档正文以查看可用字体。

```
\begin{document}
\large
\pangram{\rmfamily}
\pangram{\sffamily}
\pangram{\ttfamily}
\[
    \int_a^b \! f(x) \, dx = \lim_{\Delta x \rightarrow 0}
    \sum_{i=1}^{n} f(x_i) \,\Delta x_i
\]
\end{document}
```

（5）选择 LuaTeX 或 XeLaTeX 作为编译器。单击"排版"按钮查看输出，如图 10.21 所示。

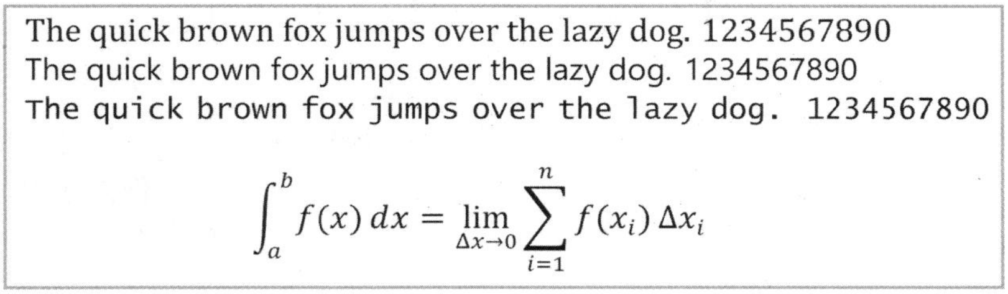

The quick brown fox jumps over the lazy dog. 1234567890
The quick brown fox jumps over the lazy dog. 1234567890
The quick brown fox jumps over the lazy dog. 1234567890

$$\int_a^b f(x)\,dx = \lim_{\Delta x \to 0} \sum_{i=1}^n f(x_i)\,\Delta x_i$$

图 10.21　各种 Microsoft Windows 字体

Cambria 作为默认文档字体，每当我们切换到无衬线字体时，就得到 Segoe UI，当我们用打字机字体编写代码列表时，就切换为 Lucida Console。此外，数学公式现在使用 Cambria Math 而不是默认的 Computer Modern 字体进行打印。这种简单的字体实际上是 LaTeX 中的一种进化，并且考虑到扩展字体支持，需要使用 LuaLaTeX 或 XeLaTeX。两者都支持 OpenType 和 Truetype 字体，这些字体尚未与 pdfLaTeX 一起使用。

XeLaTeX 的特点是直接使用系统字体，这在 pdfLaTeX 中是不可能的。LuaLaTeX 最初添加了 Lua 语言作为 LaTeX 脚本引擎，并随着时间推移得到了更好的字体支持。在不涉及其高级功能的情况下，如果没有适合 pdfLaTeX 的字体，我们可以简单地选择其中之一使用。

10.5　总　　结

现在，我们可以使用不同的文本和数学字体，文档不再是简单的默认字体。

我们学习了如何安装和选择字体集和特定字体，并介绍了不同字体包。如果你想查看带有示例的高级字体任务，可以参考 *LaTeX Cookbook* 中的第 3 章"调整字体"。

接下来，我们从字体回到 LaTeX，在下一章中学习如何开发和管理更大的文档。

第 11 章 大 型 文 档

第 1 章提到 LaTeX 能轻松处理大型文档。当你创建大量文档时，会注意到 LaTeX 始终能可靠地完成工作。对于计算机，源代码的格式如何并不重要。但对于开发人员，文档可能由数百页和数千行组成，保持源文档的可管理性是至关重要的。

通过本章的学习，我们将能处理大型文档项目，其中包含多个文件、扉页以及单独编号的前置和后置部分。

在本章中，我们将学习以下内容。
- ❑ 拆分输入。
- ❑ 创建前置和后置部分。
- ❑ 设计扉页。
- ❑ 使用模板。

本章对写论文、书籍或大型报告很有帮助。

首先，我们从多个文件创建文档开始。

11.1 技 术 要 求

读者可以使用本地的 LaTeX，也可以在线编译示例代码，网址为 https://latexguide.org/chapter-11。

本章代码可从 GitHub 获取，地址是 https://github.com/PacktPublishing/LaTeX-Beginner-s-Guide-2nd-Edition-/tree/main/Chapter_11_-_Developing_Large_Documents。

在本章中，我们将使用这些包：amsmath、amsthm、babel、blindtext、fontenc、geometry、lmodern、microtype、natbib 和 ocbibind。

此外，我们还将简要讨论这些包：pdfpages 和 titling。

11.2 拆 分 输 入

分而治之是处理大型文档的核心方法。将文档拆分成几个子文档，进而进行处理。

使用该方法，就能够管理由多个章节组成的大型项目，每个章节都在单独的文件中。

　　首先，我们通过交换前言来分离设置和正文。其次，我们在单独的文件中编写各个章节，然后将它们包含在主文件中。

　　以方程和方程组的详细文档作为示例，采用论文或书籍风格。我们可以使用第 9 章的最后一个示例，处理关于方程的定理。

　　我们将逐步创建几个文件。

　　（1）新建文档。在其中加载所有的包并指定选项，和前几章的前言部分一样。使用已经学过的所有包。

```
\usepackage[english]{babel}
\usepackage[T1]{fontenc}
\usepackage{lmodern}
\usepackage{microtype}
\usepackage{natbib}
\usepackage{tocbibind}
\usepackage{amsmath}
\usepackage{amsthm}
\newtheorem{thm}{Theorem}[chapter]
\newtheorem{lem}[thm]{Lemma}
\theoremstyle{definition}
\newtheorem{dfn}[thm]{Definition}
```

　　（2）将该文档保存为 preamble.tex。

　　（3）新建另一个文档，并复制第 9 章的定理示例中的 Equation 一章的内容。

```
\chapter{Equations}
\section{Quadratic equations}
\begin{dfn}
   A quadratic equation is an equation of the form
   \begin{equation}
     \label{quad}
     ax^2 + bx + c = 0
   \end{equation}
   where \( a, b \) and \( c \) are constants
   and \( a \neq 0 \).
\end{dfn}
```

　　（4）将该文档保存为 chapter1.tex。

　　（5）为下一章创建另一个文档，编写章标题和一些其他内容，包括一些小节。将其保存为 chapter2.tex。

```
\chapter{Equation Systems}
```

```
\section{Linear Systems}
...
\section{Non-linear Systems}
...
```

（6）现在，构造顶层文档。创建另一个名为 `equations.tex` 的文件。该文件以 `\documentclass` 命令开头，并列出了要包含的前言部分和章节。

```
\documentclass{book}
\input{preamble}
\begin{document}
\tableofcontents
\include{chapter1}
\include{chapter2}
\end{document}
```

（7）编译该文档两次，以生成目录。检查目录以确保每个部分都在正确的位置上，如图 11.1 所示。

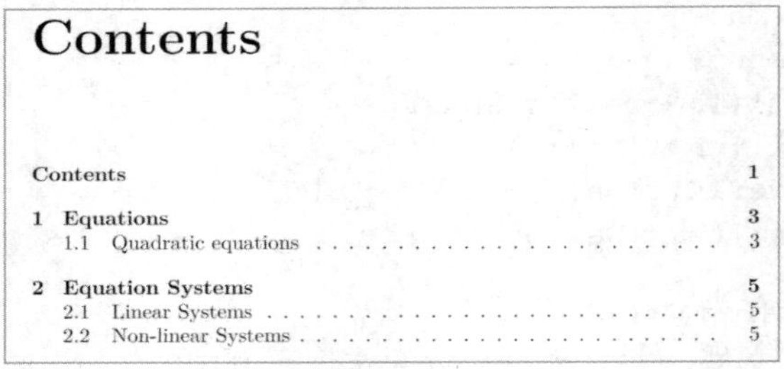

Contents

Contents 1

1 Equations 3
1.1 Quadratic equations 3

2 Equation Systems 5
2.1 Linear Systems 5
2.2 Non-linear Systems 5

图 11.1　目录

我们创建了一个顶层文档 `equations.tex`。也可以将其命名为 `main.tex` 或类似的名称。然而，由于该文件名决定了生成的 PDF 文档的名称，因此我们选择了一个有意义的名称。

以上就是项目的框架。虽然这是一个普通的 LaTeX 文档，但做了最大程度的简化，并使用了两个命令来导入外部的 `.tex` 文件。

- ❑ `\input`，读取另一个文件。
- ❑ `\include`，插入外部文件，在前后自动插入 `\clearpage`。

后者功能更强大。我们先介绍简单的 `\input` 命令。

11.2.1　插入代码

最简单的读取文件的命令如下。

```
\input{filename}
```

LaTeX 使用该命令读取名为 `filename` 的文件,就像文件的内容已经在那个位置一样。因此 LaTeX 编译器处理此文件中的所有命令。甚至可以嵌套使用\input 命令,即在包含的文件中使用。

如果文件名没有扩展名,LaTeX 会假定扩展名为.tex,因此会插入 `filename.tex`。还可以指定相对或绝对路径。因为用反斜杠开始命令,因此在路径名中使用斜杠/而非反斜杠\。

使用相对路径名,可使移动和复制项目更加方便。

如果希望将前言部分放入单独的文件中,可使用\input。除了保持根文档的整洁,单独的前言部分可以轻松地复制并调整以供另一个文档使用。

但是,简单地分割和导入文件还不能算是文档管理。例如,尽管可以注释掉选择的\input 命令,以进行部分编译,但页码、章节等的编号可能会出错,并且对注释的文档进行交叉引用将会失败。

有一种更好的方法,让我们来看看\include 命令。

11.2.2　插入文档

当需要插入一个或多个页面时,\include 命令会很有用。

```
\include{filename}
```

它与\input 的使用方式相同。但是,有一些重要的区别。

❑　\include:隐式启动新页面。\include{filename}的作用如下。

```
\clearpage
\include{filename}
\clearpage
```

❑　这使得\include 可用于页面范围,如章和节。但是,只能在\begin{document}之后使用\include。

❑　\include 不能嵌套。但可以在插入的文档中使用\input,但会使文档结构更复杂。

❑　最重要的,\include 支持对文档中的部分段落进行编译,即使用命令\includeonly。

接下来介绍\includeonly 的使用方法。

11.2.3　编译部分文档

用于\input 或\include 的部分文档，无法单独编译，需要一个指定文档类的根文档。

然而，一旦在编译根文档时使用了\include 切换部分文档，可以通过以下命令指定要插入的部分。

```
\includeonly{file list}
```

我们只能在前言部分使用\includeonly，即在\begin{document}之前。

参数可以是以逗号分隔的文件名列表。如果在该参数中未指定文件 name.tex，则\include{name}不会插入此文件，而是像\clearpage 一样进行清空。这允许排除部分或整个章节的编译。如果要处理大型文档，这样可以加快编译速度，如果只包括当前章节，则可以保留排除章节的标签和引用。

LaTeX 为每个插入的.tex 文件生成了一个.aux 文件。LaTeX 仍然读取所有插入章节和页码等信息的.aux 文件。当然，需要至少编译一次所包含的文件。这样，即使暂时排除了章节，跨页码、章节等编号的交叉引用也将完好无损。

添加以下内容。

```
\includeonly{chapter2}
```

将其添加到 equations.tex 的前言部分中并进行编译。输出结果将只显示第 2 章并保持正确的编号。在 Acrobat Reader 中查看输出如图 11.2 所示。

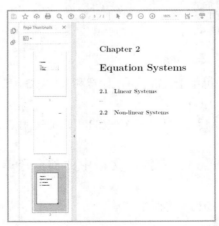

图 11.2　仅包含第 2 章的文档

在图 11.2 的顶部,可以看到 3/3 页,而不是本章第一个示例中的 5 页。在左侧,可以看到三个缩略图页面,第三页是第 2 章。在右侧,可以看到第 2 章,底部显示的页码为 5。这表明这里没有包含第 1 章,而只包含了我们想要的第 2 章。此外,页面编号仍然与完整文档中的相同,而原始的章节编号也没有改变。

如果你在处理具有许多章节的大型文档,并使用\includeonly 包含正在处理的单个章节,则编译时间会显著缩短。最后,在完成工作后,只需注释掉后面的命令即可排版完整文档。

当然,可以只使用\include 而不使用\includeonly,将大型文档拆分为文件。

接下来介绍更大文档的结构。

11.3 创建前置和后置部分

与报告不同,图书通常以版权信息、前言、致谢或致辞等引言材料开头。这部分包括封面和目录,称为前置部分。

在结尾,图书可能包括后记和支持材料,如参考文献和索引。这部分称为后置部分。

book 类和一些其他类,如 scrbook 和 memoir,直接支持这种分节。通常,这种分节的结果将导致页面和章节编号的差异。让我们看看它是如何工作的。

示例中的书将以致谢开始。前置部分包括目录、表格和图表列表及致辞。前置部分的所有页面都使用罗马数字编号。最后,添加附录,提供补充证明,呈现在主要章节之外。

(1)创建名为 dedication.tex 的文件。

```
\chapter{Dedication}
This book is dedicated to one of the greatest
mathematicians of all time: Carl Friedrich Gauss.
Without him, this book wouldn't have been possible.
```

(2)创建名为 proofs.tex 的文件。

```
\chapter{Proofs}
...
```

(3)通过加粗的行扩展主文件 equations.tex。

```
\documentclass{book}
\input{preamble}
\begin{document}
```

```
\frontmatter
\include{dedication}
\tableofcontents
\listoftables
\listoffigures
\mainmatter
\include{chapter1}
\include{chapter2}
\backmatter
\include{proofs}
\nocite{*}
\bibliographystyle{plainnat}
\bibliography{example}
\end{document}
```

（4）正如最后加粗的行中所示，我们重新使用了第 8 章的示例`.bib`文件。单击“排版”按钮进行编译、运行 BibTeX 并再次编译。查看目录中的编号，如图 11.3 所示。

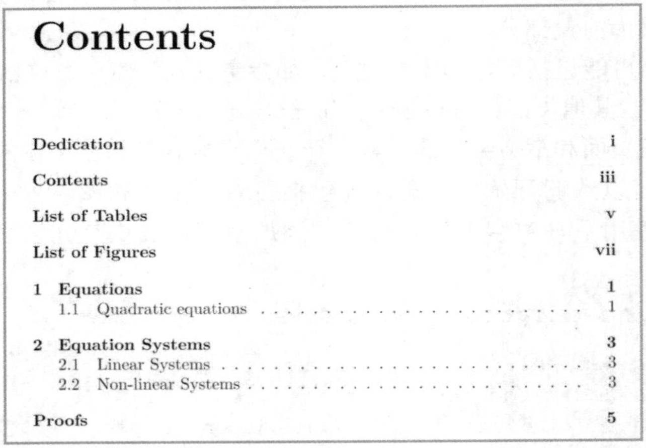

Contents

Dedication i

Contents iii

List of Tables v

List of Figures vii

1 Equations 1
　1.1 Quadratic equations 1

2 Equation Systems 3
　2.1 Linear Systems 3
　2.2 Non-linear Systems 3

Proofs 5

图 11.3　复杂文档的目录

可以看到，LaTeX 用罗马数字打印目录页上的页面编号。这适用于所有前置部分页面。此外，即使没有使用带星号的命令`\chapter*`，前置和后置部分中的所有章节都没有编号。

这是因为使用了三个命令`\frontmatter`、`\mainmatter`和`\backmatter`。它们启动新页面并以以下方式修改页面和章节编号。

- `\frontmatter`：页面用小写罗马数字编号。章节生成目录条目但不编号。

❑　　\mainmatter：页面用阿拉伯数字编号。章节编号并生成目录条目。

❑　　\backmatter：页面用阿拉伯数字编号。章节生成目录条目但不编号。

和 book 类一样，scrbook 和 memoire 类提供具有相似功能的相同命令。

大型文档通常以扉页开始。接下来，我们学习如何在 LaTeX 中制作扉页。

11.4　设 计 扉 页

我们可以使用\maketitle 快速创建美观的扉页，就像我们在第 2 章中所做的那样。文档类通常提供此命令以生成适当的预格式化扉页。或者，你可以使用 titlepage 环境自由设计版式。接下来，我们就为"方程书"设计一个漂亮的扉页。

在第 2 章中，我们已经使用了一些格式化命令，如\centering、字体大小和形状命令，用\Huge 和\bfseries 格式化标题。我们在 titlepage 环境中进行类似的处理。

（1）创建一个名为 title.tex 的文件，内容如下。

```
\begin{titlepage}
\raggedleft
{\Large The Author\\[1in]}
{\large The Big Book of\\}
{\Huge\scshape Equations\\[.2in]}
{\large Packed with hundreds of examples and solutions\\}
\vfill
{\itshape 2011, Publishing company}
\end{titlepage}
```

（2）在\frontmatter 之后添加以下行。

```
\include{title}
```

（3）最终书籍将使用 A5 格式，因此扉页也将使用该格式。将其添加到前言。

```
\usepackage[a5paper]{geometry}
```

（4）单击"排版"按钮进行编译。生成的扉页如图 11.4 所示。

titlepage 环境将其内容排版在单独的一页上。尽管对扉页也会编号，但页码不会打印在页面上。

在此环境中，我们使用了一些基本的 LaTeX 字体命令修改字体大小和形状。通过使用大括号进行分组，我们限制了这些命令的作用范围。换行符\\[.2in]在下一行之前添加了一些额外的空间。\vfill 插入了灵活的垂直空间，它会尽可能地拉伸以填满页面。

通过这样，我们将最后一行放在页面的末尾。

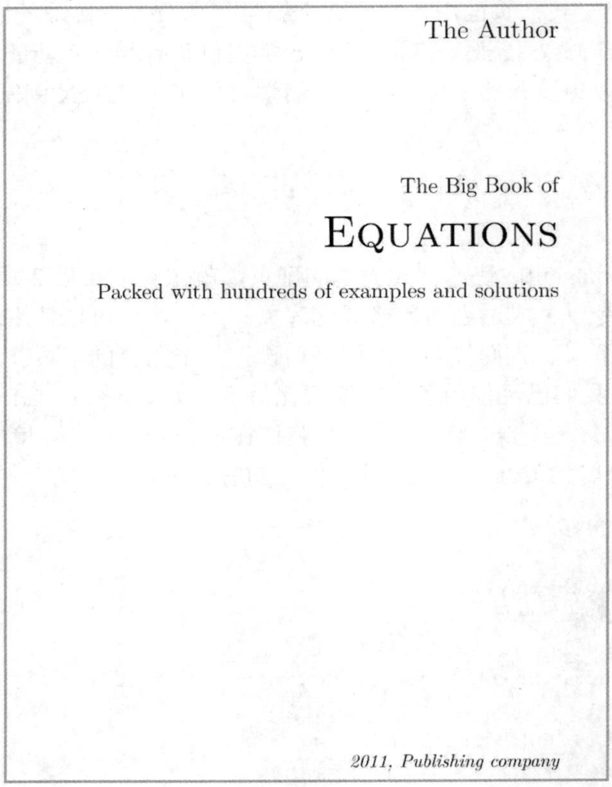

图 11.4　扉页

　　注意，此页面具有与文档中其他页面相同的页面尺寸。这意味着，在双面书籍中，它是右侧页面。你可能会注意到左右边距不均，导致不美观，特别是标题位于中心时。但是，由于扉页是内页，而不是封面页，因此不用考虑页边距。

　　封面页和扉页不同，左右边距应该相等。封面页通常作为独立文档生成，单独打印。对于电子文档，可以使用 pdfpages 包。参阅第 5 章的 5.2.3 小节。

　　titling 包提供了创建复杂扉页的功能。要了解扉页的设计方法，你可以查看 Peter Wilson 的"扉页示例"（可从 texdoc titlepages 和 https://texdoc.org/pkg/titlepages 获取）。

　　由文件、标题、扉页和样式设置组成的文档框架称为模板。我们将在下一节学习如何使用模板。

11.5　使 用 模 板

在开发文档时，需要指定文档类，选择有意义的包和选项，并为内容创建框架。为每个文档重复这些步骤很烦琐。

如果我们想写几个相同类型的文档，我们可以创建模板。模板是包含以下内容的 .tex 文件。

❑　适当的文档类声明及一组有意义的选项。

❑　常用的包和最适合文档类型的包。

❑　页眉、页脚和正文的预定义版式。

❑　自定义宏。

❑　章节命令的框架，我们在其中填写标题和正文。

❑　或是包含 \include 或 \input 命令的框架，用于创建正文。

随着我们对 LaTeX 的了解越来越多，这些模板会变得越来越顺手，并且更加复杂。许多用户会在互联网上发布精心制作的模板。许多大学、研究机构、期刊和出版商也会这样做，为论文、期刊文章和书籍等文档提供模板以满足出版要求。

在 https://latextemplates.com 的模板库中，可以找到许多精心制作的模板，该网站按照论文、报告、信函和演示文稿等文档类型进行分类，并附有示例输出。

可以下载模板并填写文本。或者，可以使用编辑器提供的预定义模板新建文档。我们首先尝试一下这个功能。

LaTeX 编辑器通常提供模板以供选择。TeXworks 也提供了一些模板。接下来，测试这个功能。选择模板，打开、修改，然后编译。

（1）在 TeXworks 主菜单中，单击 File，然后单击 New from template。会打开一个窗口，供选择模板，如图 11.5 所示。

（2）在窗口的下部，可以阅读模板的源代码。以下是 KOMA-Script（KOMA-letter.tex）的示例。

```
% !TEX TS-program = pdflatex
% !TEX encoding = UTF-8 Unicode
% An alternative to the standard LaTeX letter class.
\documentclass[fontsize=12pt, paper=a4]{scrlttr2}
% Don't forget to read the KOMA-Script documentation,
% scrguien.pdf
\setkomavar{fromname}{} % your name
```

```
\setkomavar{fromaddress}{Address \\ of \\ Sender}
\setkomavar{signature}{} % printed after the \closing
\renewcommand{\raggedsignature}{\raggedright} % make
% the signature ragged right
\setkomavar{subject}{} % subject of the letter
\begin{document}
\begin{letter}{Name and \\ Address \\ of \\ Recipient}
\opening{} % eg. Hello
\closing{} %eg. Regards
\end{letter}
\end{document}
```

图 11.5　TeXworks 模板选择

（3）单击 Open。填写示例中的空格，并编辑占位文本。

```
\documentclass[fontsize=12pt, paper=a4]{scrlttr2}
\setkomavar{fromname}{My name} % your name
\setkomavar{fromaddress}{Street, City}
\setkomavar{signature}{Name} % printed after the \closing
\setkomavar{subject}{Invoice 1/2021} % subject of the
letter
\setkomavar{place}{Place}
\setkomavar{date}{January 1, 2021}
\begin{document}
```

```
\begin{letter}{Customer Name\\ Street No. X \\ City \\
Zipcode}
\opening{To whom it may concern} % eg. Hello
Text follows \ldots
\bigskip
\closing{With kind regards} %eg. Regards
\end{letter}
\end{document}
```

（4）编译文档。查看输出，如图 11.6 所示。

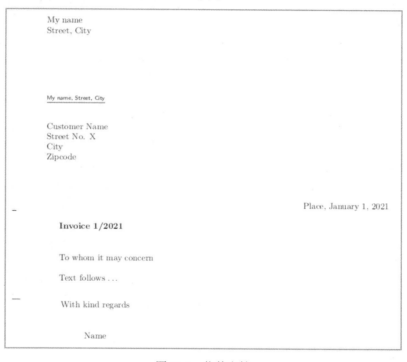

图 11.6　信件文档

　　整个过程很简单，只是打开了模板，并修改了占位文本。通过阅读 KOMA-Script 文档，我们可知\setkomavar 命令用于指定模板参数（如 name、address 和 subject）的值。我们还用它声明了 date 和 place。

　　一旦在模板中写入了个人数据，可以保存供以后使用，而不必为每个信件都输入地址。

　　KOMA-Script 文档（texdoc scrguien）很好地描述了该信件类的特点。使用它，你将能够为商业用途创建专业的信件模板。

使用 LaTeX 版式和字体，以及 microtype 包创建的求职信，相比于使用其他文字处理软件制作的求职信，更加美观，能留下更好的印象。

在查找 LaTeX 模板、代码和技巧时，你会发现很多信息和代码，有些代码可能已经过时，有些信息可能也已经过时。

当你开发自己的模板时，你可能想使用最好的软件包、选项和解决方案。如何确保这点呢？

这两个问题都可以通过 l2tabu 得到答案。它是使用 LaTeX2e 的基本指南，重点介绍了过时的命令和软件包，展示了 LaTeX 用户容易犯的最常见和严重的错误。随着 LaTeX 的发展，一些软件包和技术仍然可以从在线资源中找到并具有说明，但它们可能已经不再推荐使用了。阅读这个指南。它将帮助你评估在互联网上找到的模板和代码，并确保使用最优代码。

只需在命令提示符处键入 texdoc l2tabuen 或访问地址 https://texdoc. org/pkg/l2tabuen，就可以参考 l2tabu。

要测试模板，可以使用 blindtext 软件包及其命令\blindtext 和\Blinddocument。\blindtext 命令可以生成一个虚拟的文本段落，而\Blinddocument 命令可以生成虚拟的大型文档内容，包括章节和列表。这样就能展示模板的输出质量。使用这个软件包时，应该通过语言选项加载 babel 软件包。例如，使用基本的最小文章模板。

```
\documentclass{article}
\usepackage[english]{babel}
\usepackage{blindtext}
\begin{document}
\begin{abstract}
\blindtext
\end{abstract}
\Blinddocument
\end{document}
```

输出的文档如图 11.7 所示。

如果使用 TeXworks，就像在前面的示例中使用的一样，可以选择一些现成的模板，或者从 https://latextemplates.com 下载模板。如果你是在 https://overleaf. com 上在线处理，还有其他办法。单击 New Project 并选择一个基本模板，如图 11.8 所示。

Abstract

Hello, here is some text without a meaning. This text should show what a printed text will look like at this place. If you read this text, you will get no information. Really? Is there no information? Is there a difference between this text and some nonsense like "Huardest gefburn"? Kjift – not at all! A blind text like this gives you information about the selected font, how the letters are written and an impression of the look. This text should contain all letters of the alphabet and it should be written in of the original language. There is no need for special content, but the length of words should match the language.

1　Heading on Level 1 (section)

Hello, here is some text without a meaning. This text should show what a printed text will look like at this place. If you read this text, you will get no information. Really? Is there no information? Is there a difference between this text and some nonsense like "Huardest gefburn"? Kjift – not at all! A blind text like this gives you information about the selected font, how the letters are written and an impression of the look. This text should contain all letters of the alphabet and it should be written in of the original language. There is no need for special content, but the length of words should match the language.

This is the second paragraph. Hello, here is some text without a meaning. This text should show what a printed text will look like at this place. If you read

图 11.7　使用虚拟文本的文章　　　　　　图 11.8　打开 Overleaf 中的模板

单击 View All，可以查看模板目录，如图 11.9 所示。

图 11.9　Overleaf 模板目录

　　Overleaf 模板中包含几千个准备好的模板，可用于填写文本。其中许多是由机构和用户贡献的。质量可能会有所不同，但你可以在浏览时看到内容或标题的截图，并尝试使用这些模板进行测试。

　　我们可以在搜索栏中输入关键词进行搜索，如文档类型、大学或学院名称、特性或软件包名称。

　　单击 Open as Template，然后得到一个可编译的文档及一些占位文本。这样就可以在大约 10 分钟内尝试 10 个模板，直到找到适合的模板。

11.6　总　　结

　　本章学习的技巧将帮助我们开发和维护更大的项目。尽管有些用户喜欢使用 LaTeX 编写小型文档，但许多人学习 LaTeX 是因为需要编写论文这样的文档。不过，分割文档和使用模板对于小型写作也很有用，如写信时，只需考虑标题、页眉、页脚和地址字段即可。

　　本章中，我们创建和管理了由多个文件组成的大型文档，包括前置和后置内容及独立的扉页。

　　在下一章中，我们将学习如何进一步改进大型文档。

第 12 章　优 化 文 档

到目前为止，你已经能够以出色的排版质量编写结构化文档，并且可以满足诸如书籍、期刊文章或大学论文等经典出版物的要求。

也许你还想在线发布 PDF 文档。这种电子文档或电子书通常需要导航，如超链接和书签索引。

本章将介绍实现这些增强功能的工具。我们将学习如何执行以下操作。

- ❏　使用超链接和书签。
- ❏　设计标题。
- ❏　为文档着色。

我们使用 LaTeX 中专业的软件包，完成这些任务。

12.1　技 术 要 求

读者可以使用本地的 LaTeX，也可以在线编译示例代码，网址为 https://latexguide.org/ chapter-12。

本章代码可从 GitHub 获取，地址是 https://github.com/PacktPublishing/LaTeX-Beginner-s-Guide-Second-Edition/tree/main/Chapter_12_-_Enhancing_Your_Documents_Further。

本章将使用这些包：bm、colortbl、hyperref、titlesec 和 xcolor，以及上一章中的包。

此外，我们还将简要讨论 bookmark 包。

12.2　使用超链接和书签

使用 hyperref 包几乎可以处理所有基本的超链接。

12.2.1　添加超链接

加载 hyperref 软件包，并查看其效果。

（1）打开前一章中使用的 `preamble.tex` 文件。在文件末尾添加以下行。

```
\usepackage{hyperref}
```

（2）将此文档保存为相同的名称。

（3）打开前一章中创建的"方程书"文档，命名为 `equations.tex`。

（4）不做任何修改，编译文档两次。查看文档的外观，如图 12.1 所示，黑色框中是超链接。

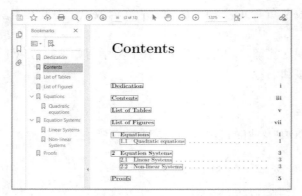

图 12.1　带有超链接和书签的目录

对方程编号的交叉引用也是黑色框，如图 12.2 所示。

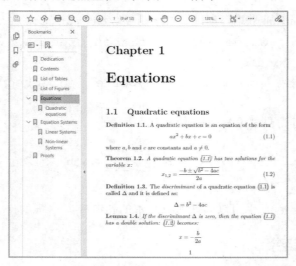

图 12.2　带有超链接的方程式的引用

仅仅通过加载 hyperref 软件包，文档外观就会发生显著改变。

❑ 生成了书签栏，可以轻松地浏览文档。

❑ 目录中的每个条目都变成了对相应章节的超链接。超链接用黑色边框突出显示。

❑ 所有交叉引用都变成了超链接。

这对于文档的电子版是很好的改进。

当打印文档时，框线不会打印出来，它们仅用于电子导航。书签也是如此。

如果你不喜欢带有边框的超链接默认外观，可以通过编辑 hyperref 选项进行更改。下一节进行讲解。

12.2.2 自定义超链接

在这一节中，我们将通过选项，修改 hyperref 的外观。

（1）再次打开 preamble.tex 文件，为 hyperref 指定选项。

```
\usepackage[colorlinks=true,linkcolor=red]{hyperref}
```

（2）保存此文档，进入 equations.tex 文档，并编译两次。目录发生变化，如图 12.3 所示。

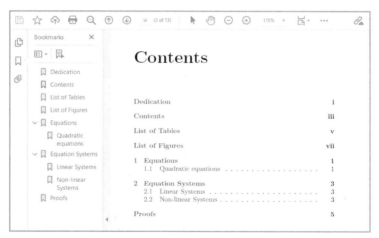

图 12.3 带有彩色超链接的目录

现在超链接文字具有颜色，而不是边框。与边框不同，打印文档中可显示文本颜色。hyperref 提供了设置这些选项的方法。我们使用的第一个选项如下。

```
\usepackage[key=value list]{hyperref}
```

或者，我们可以先写\usepackage{hyperref}，再设置选项。

```
\hypersetup{key=value list}
```

示例将使用以下内容。

```
\hypersetup{colorlinks=true,linkcolor=red}
```

也可以将这些方法组合起来。

再介绍一些特别有用的选项。对于以下选项，可以选择 true 或 false。如果没有指定，hyperref 会选择括号中的默认值。

- ❏ draft：关闭所有超文本选项（false）。
- ❏ final：开启所有超文本选项（true）。
- ❏ debug：将额外的诊断消息打印到日志文件中（false）。
- ❏ backref：在参考文献中添加反向链接，即从参考文献返回到对应的文本（false）。
- ❏ hyperindex：在索引中添加页面编号的链接（true）。
- ❏ hyperfootnotes：将脚注标记转换为超链接（true）。
- ❏ hyperfigures：为图添加超链接（false）。
- ❏ linktocpage：在目录、图片目录和表格目录中，将超链接添加到页码而不是文本（false）。
- ❏ frenchlinks：链接使用小号的大写字母，不使用颜色（false）。
- ❏ bookmarks：为 PDF 阅读器导航编写书签（true）。
- ❏ bookmarksopen：当打开 PDF 时，在扩展视图中显示所有书签（false）。
- ❏ bookmarksnumbered：在书签中包含章节编号（false）。
- ❏ colorlinks：根据链接类型（如页面引用、URL、文件引用和引文）为链接和锚点添加颜色，而不是在链接周围打印边框（false）。

在使用 colorlinks 选项时，可以按链接类型选择所需的颜色，如以下列表所示。同样，括号中是默认值。

- ❏ linkcolor：一般链接的颜色（红色 red）。
- ❏ citecolor：参考文献项引用的颜色（绿色 green）。
- ❏ urlcolor：网站地址的颜色（品红色 magenta）。
- ❏ filecolor：指向文件的链接的颜色（青色 cyan）。

还有更多选项可自定义链接边框、PDF 页面大小、锚点、书签外观和 PDF 页面显示样式。hyperref 文档列出了所有选项。只需在命令行上键入 texdoc hyperref 或访问网址 https://texdoc.org/pkg/hyperref。

隐藏链接

　　如果你想禁用所有链接高亮显示（如用于打印纸质文档），只需指定不带值的 `hidelinks` 选项。链接就会变得不可见，没有边框和颜色，就像普通文本一样。

　　某些文本选项支持指定 PDF 文件的元数据，如作者姓名、标题和关键词。如果使用 PDF 阅读器检查文档属性，可以看到这些信息。互联网搜索引擎可以根据这些元信息搜索并分类 PDF 文档。如果你在互联网上发布，这将有助于读者找到你的 PDF 文档。

　　接下来，我们在第 11 章的"方程书"中添加 PDF 元数据。除了选择合理的关键词，还将设置标题和作者的姓名。步骤如下。

　　（1）打开 `preamble.tex` 文件并添加以下内容。

```
\hypersetup{pdfauthor={Carl Friedrich Gauss},
    pdftitle={The Big Book of Equations},
    pdfsubject={Solving Equations and Equation Systems},
    pdfkeywords={equations,mathematics}}
```

　　（2）保存该文件。进入 `equations.tex` 文档，单击"排版"按钮进行编译。

　　（3）检查文档属性。如果使用 Acrobat Reader，单击"文件"菜单，然后单击"属性"，如图 12.4 所示。

　　我们使用 `hyperref` 选项提供了所有的文档属性，我们只需要将每个条目括在大括号中。

　　最常用的元信息选项如下。

- ❏ `pdftitle`：设置标题。
- ❏ `pdfauthor`：设置作者。
- ❏ `pdfsubject`：设置主题。
- ❏ `pdfcreator`：设置创建者。
- ❏ `pdfproducer`：设置生产者。
- ❏ `pdfkeywords`：设置关键词。

图 12.4　文档属性中的 PDF 元数据

　　由于 `hyperref` 重新定义了许多其他包的命令以添加超链接功能，因此我们必须在这些包之后加载它。但是，`amsmath` 和 `hyperref` 包是例外。有关更多信息，参考网址 `https://latexguide.org/hyperref`。

　　接下来，介绍更多添加超链接和书签的方法。

12.2.3　手动创建超链接

由于 hyperref 为几乎所有类型的引用创建了链接，所以基本不用自己创建链接。但偶尔仍需要手动创建链接。hyperref 为此提供了以下命令。

- ❏ \href{URL}{text}：将文本转换为指向 URL 的超链接，即网站地址。
- ❏ \url{URL}：打印 URL 并创建链接。
- ❏ \nolinkurl{URL}：打印 URL 但不创建链接。
- ❏ \hyperref{label}{text}：将文本修改为链接到设置 label 位置的超链接，与\ref{label}指向同一位置。
- ❏ \hypertarget{name}{text}：创建目标 name，用于潜在的超链接，以 text 作为锚点。
- ❏ \hyperlink{name}{text}：将 text 转换为指向目标 name 的超链接。

有时，你可能只需要一个锚点，例如使用\addcontentsline，它会创建带有超链接的目录条目，但是它没有设置锚点的章节命令。目录条目将指向先前设置的锚点，因此会指向错误的位置。

此时可使用\phantomsection 命令，它像\hypertarget{}{}一样设置锚点。通常用于创建带有正确页面链接的参考文献目录条目，具体如下。

```
\cleardoublepage
\phantomsection
\addcontentsline{toc}{chapter}{\bibname}
\bibliography{name}
```

因此，可以将 \phantomsection 看作不可见的 \section 锚点。然后，\addcontentsline 命令将引用该锚点。

12.2.4　手动创建书签

对于书签面板中的章节条目，手动添加书签的步骤如下。

使用\pdfbookmark[level]{text}{name}创建带有文本的书签，可自定义指定级别。默认级别为 0。与\label 命令一样处理 name。name 应该是唯一的，因为它代表内部锚点。

还可以相对于当前级别创建书签。

- ❏ \currentpdfbookmark{text}{name}：在当前级别上设置书签。

❑　\belowpdfbookmark{text}{name}：创建更深一级的书签。

❑　\subpdfbookmark{text}{name}：增加级别并在更深的级别创建书签。

bookmark 包提供了更多自定义书签的功能，例如选择字体样式和颜色。可以通过在命令行上运行 texdoc bookmark 或访问 https://texdoc.org/pkg/bookmark 了解更多信息。

12.2.5　在书签中使用数学公式和特殊符号

由于 PDF 的限制，我们无法在 PDF 书签中使用数学和特殊符号。这可能会导致问题，例如，在标题中带有数学符号或字体命令的章节命令中，这些内容将传递给书签。不过，有一个解决方案，使用如下命令。

```
\texorpdfstring{string with TeX code}{pdf text string}
```

该命令能根据上下文返回参数，以避免此类问题。使用方法如下。

```
\section{The equation
    \texorpdfstring{$y=x^2$}{y=x\texttwosuperior}}
```

如果使用 unicode 选项加载 hyperref，则可以在书签中使用 Unicode 文本字符，例如：

```
\section{\texorpdfstring{$\gamma$}{\textgamma} radiation}
```

接下来查看这些命令在一个小的示例文档中的用法。

```
\documentclass{article}
\usepackage{bm}
\usepackage[colorlinks=true,psdextra,unicode]{hyperref}
\begin{document}
\pdfbookmark[1]{\contentsname}{toc}
\tableofcontents
\pdfbookmark[1]{Abstract}{abstract}
\begin{abstract}
\centering
Sample sections follow.
\end{abstract}
\section{The equation
   \texorpdfstring{$y=x^2$}{y=x\texttwosuperior}}
\section{\texorpdfstring{$\gamma$}{\textgamma} radiation}
\section[\texorpdfstring{Let $\int\sim\sum$ for
   $n\rightarrow\infty$}
```

```
    {Let \int\sim\sum\ for n\rightarrow\infty}]
    {Let $\bm{\int\sim\sum}$ for $\bm{n\rightarrow\infty}$}$
\end{document}
```

如加粗代码所示，\section 命令执行了以下三个操作。

☐　打印章节标题。我们使用了 bm 包的 \bm 命令以获得粗体数学字体。可将其与其他标题进行比较。

☐　将小节名称放入目录中。

☐　创建书签，使用 Unicode 文本符号替换数学符号。使用 unicode 选项和 psdextra 选项加载了 hyperref，实现了在书签中使用数学符号。

我们得到新的书签输出，如图 12.5 所示。

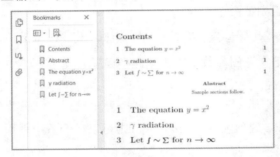

图 12.5　带有数学公式的书签

笔记

　　在对 \texorpdfstring 的第一个参数进行处理时，我们使用 $...$ 表示数学模式。然而，在对 \texorpdfstring 的第二个参数进行处理时，我们故意省略了 $...$，因为这是 Unicode 文本，而不是数学字体符号。

　　虽然在标题和书签中使用数学公式可能不是好主意，但如果确实需要，还是有办法实现。

　　在下一节中，我们将处理标题的外观。

12.3　设 计 标 题

　　在第 2 章中，我们遇到了自定义标题的问题。必须使用一致的方式来修改整个文档的标题字体、间距和编号。幸运的是，有一个方便的包可以实现该功能，这就是 titlesec

包。我们将使用它来设计章节标题。

回到本章示例。我们的目标是创建具有以下外观的标题。

❑ 居中的标题。

❑ 较小的字号。

❑ 上下较少的间距。

❑ 使用无衬线字体，无衬线字体适合粗体标题。

步骤如下。

（1）打开 preamble.tex 文件。插入以下行以加载 titlesec 包。

```
\usepackage{titlesec}
```

（2）添加如下命令以指定章节标题的版式和字体。

```
\titleformat{\chapter}[display]
   {\normalfont\sffamily\Large\bfseries\centering}
   {\chaptertitlename\ \thechapter}{0pt}{\Huge}
```

（3）现在，调用 \titleformat 命令来定义节标题。

```
\titleformat{\section}
   {\normalfont\sffamily\large\bfseries\centering}
   {\thesection}{1em}{}
```

（4）添加以下行，以调整章节标题的间距。

```
\titlespacing*{\chapter}{0pt}{30pt}{20pt}
```

（5）保存 preamble.tex 文件并编译主文档 equation.tex。查看标题的变化，如图 12.6 所示。

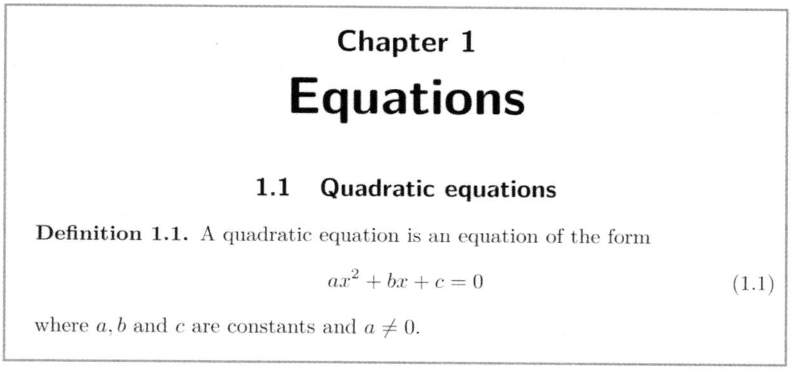

Chapter 1

Equations

1.1   Quadratic equations

Definition 1.1. A quadratic equation is an equation of the form

$$ax^2 + bx + c = 0 \qquad (1.1)$$

where a, b and c are constants and $a \neq 0$.

图 12.6 居中的标题

在步骤（1）中，我们加载了 titlesec 包，它为自定义篇、章、节，甚至更小的分段提供了全面的接口。

在步骤（2）中，我们选择了显示样式，这意味着编号和标题使用单独的行。首先，我们使用\normalfont 切换到基础字体，以确保安全。然后，我们使用\sffamily 切换到无衬线字体，并选择大小和加粗程度，最后声明整个标题应居中。

步骤（3）与步骤（2）非常相似，只是没有使用[display]，以便将编号和标题放在同一行上。

为了理解其余参数，可查看\titleformat 定义。

```
\titleformat{cmd}[shape]{format}{label}{sep}{before}[after]
```

参数的含义如下。

❑ cmd 表示要重新定义的章节命令，即 \part、\chapter、\section、\subsection、\subsubsection、\paragraph 或\subparagraph。

❑ shape 指定段落形状。值的效果如下。

➢ display：将标签放入单独的段落中。

➢ hang：创建悬挂标签，就像标准小节一样，并且是默认选项。

➢ runin：生成类似于默认\paragraph 的标题。

➢ leftmargin：为标题设置为左边距。

➢ rightmargin：为标题放入右边距。

➢ drop：将文本环绕在标题周围，需要避免重叠。

➢ wrap：和 drop 类似，调整标题空间以匹配最长的文本行。

➢ frame：和 display 类似，并且框定了标题。

❑ format：应用于标签和标题文本的命令。

❑ label：打印标签，即编号。

❑ sep：用于指定标签和标题文本的间距。对于 display 选项，它是垂直距离，在其他情况下，它是水平距离。

❑ before：标题之前的代码。可接收标题文本作为参数。

❑ after：标题之后的代码。

这里列出了很多选项。可查看 titlesec 的文档，通过运行 texdoc titlesec 或访问 https://texdoc.org/pkg/titlesec 了解更多信息。

我们使用了 titlesec 的命令\chaptertitlename，其默认值为\chaptername。所以默认为"第 x 章"。在附录中，它会变成\appendixname。

通过以下命令，可以自定义所有章节标题的间距。

```
\titlespacing*{cmd}{left}{beforesep}{aftersep}[right]
```

这些参数的含义如下。

❑ left：取决于 shape。对于 drop、leftmargin 和 rightmargin，它是标题宽度；对于 wrap，它是最大宽度；对于 runin，它设置标题前的缩进。否则，它会增加左边距。如果是负数，它会减少左边距。

❑ beforesep：设置标题前的垂直间距。

❑ aftersep：设置标题与正文的间距。对于 hang、block 和 display 形状，它负责垂直间距；对于 runin、drop、wrap、leftmargin 和 rightmargin，它负责水平宽度。同样，它也可以是负值。

❑ right：当使用 hang、block 和 display 形状时，增加右边距。

如果使用星号，titlesec 将删除下一段的缩进。这类似于标准的小节，即跟随小节的文本不缩进。对于 drop、wrap 和 runin，星号没有意义。

在示例中，章节标题后的段落没有缩进，并指定标题前间距为 30pt，标题后间距为 20pt。这与标准类相比要少，标准类在章节标题上方使用 50pt 的间距。

强烈建议阅读 titlesec 文档以充分利用它的功能。文档附录展示了如何使用 \titleformat 和 \titlesec 定义标准类中的标题。建议通过复制这些定义并进行修改，从而掌握如何使用。

使用无衬线标题非常常见。粗体衬线标题显得过粗，无衬线字体美观很多。但对于正文，衬线字体的可读性更好。

在下一节，我们学习如何为文档着色。

12.4 为文档着色

为了更加美观，我们可以使用颜色进一步美化文本。我们之前没有处理这个问题，是因为大多数用户使用 LaTeX 编写书籍、文章或商务信函，花哨的颜色可能会影响外观。但对于演示文档，图表和表格通常是彩色的。

为了使用颜色，需要加载 xcolor 包。

```
\usepackage{xcolor}
```

使用如下命令设置文本颜色。

```
\color{name}
```

通过该命令，将文本切换到声明的颜色，如\color{blue}。

为文本着色的相应命令如下。

```
\textcolor{name}{text}
```

`\textcolor` 隐式添加了分组，用法如下。

```
{\color{name} text}
```

对于着色文本片段，`\textcolor` 是更好的选择，而 `\color` 则适合在环境或大括号中包含较长文本的情况。

xcolor 包提供了许多颜色，只需要根据名称调用颜色即可。在文档中，有大量的颜色名称和示例表，可以通过运行 `texdoc xcolor` 或 `https://texdoc.org/pkg/xcolor` 打开。

xcolor 提供了混合颜色的简单语法，示例如下。

```
name1!percent1!name2!percent2!name3!percent3···
```

这条命令将混合百分比为 `percent1` 的颜色 `name1`、百分比为 `percent2` 的颜色 `name2`、百分比为 `percent3` 的颜色 `name3`，以此类推。百分比总和为 100%，可以省略表示，示例如下。

- ❑　要得到一个 60%黑色的深灰色，我们可以使用 `\color{black!60}`。
- ❑　要混合 40%红色和 60%黄色，我们可以使用 `\color{red!40!yellow}`。
- ❑　要混合 40%红色、20%绿色和 40%蓝色，我们可以使用 `\color{red!40!green!20!blue}`。

结合使用 xcolor 与 colortbl 包可用于创建彩色表格，例如为单元格、行或列着色，或制作具有交替行颜色的表格。对于后者，可参考 *LaTeX Cookbook* 第 6 章 "设计表格" 中的示例。

12.5　总　结

在本章中，我们使用超文本结构对文档进行了优化，涉及彩色链接和书签。现在，我们可以编辑 PDF 元数据、自定义标题样式并使用颜色。

在使用 LaTeX 的过程中，我们可能会遇到错误和警告。即便对于高级 LaTeX 用户，也会经常碰到问题。下一章将重点讲解如何处理常见问题。

第 13 章 处理常见问题

在排版过程中，LaTeX 可能会输出警告消息，或者无法生成所需的输出，而是显示错误信息。这是完全正常的，可能是由命令名称中的小错误或未补齐的大括号等引起的。即使是专业 LaTeX 用户也会遇到错误，但专业用户知道如何高效地处理错误。

不要过分担心会发生错误，LaTeX 能检查出错误。用户只需在 LaTeX 指出错误的位置进行更正即可。

我们在本章将学习以下内容。

❑ 理解并修复错误。

❑ 处理警告。

❑ 避免过时的类和包。

❑ 排除故障。

我们首先处理错误信息。

13.1 技 术 要 求

读者可以使用本地的 LaTeX，也可以在线编译示例代码，网址为 https://latexguide.org/chapter-13。

本章代码可从 GitHub 获取，地址是 https://github.com/PacktPublishing/LaTeX-Beginner-s-Guide-Second-Edition/tree/main/Chapter_13_-_Troubleshooting。

13.2 理解并修复错误

如果 LaTeX 排版引擎遇到问题，它会发出错误信息。错误信息旨在帮助用户解决问题。因此，应仔细阅读错误信息。除了错误发生的行号，LaTeX 还提供了诊断消息。

集中精力处理第一条错误信息，其他错误可能只是由第一个错误导致的。

我们创建一个小型测试文档进行演示。在 LaTeX 中编写打印"Hello world！"的程序。如果单词 TeX 和 LaTeX 中出现错误的大写形式，检查\Latex 命令是否能正常工作。

（1）新建文档，包含以下代码。

```
\documentclass{article}
\begin{document}
\Latex\ says: Hello world!
\end{document}
```

（2）单击"排版"按钮编译文档。LaTeX 将停止并打印以下消息。

```
! Undefined control sequence.
l.3 \Latex
\ says: Hello world!
```

（3）单击 TeXworks 工具栏左上角的取消图标以停止编译。

（4）在第（1）步中的代码中，跳转到第 3 行，将\Latex 替换为\LaTeX。然后再次编译。现在，LaTeX 输出就正常了，如图 13.1 所示。

LATEX says: Hello world!

图 13.1　文档修正后的输出

LaTeX 命令是区分大小写的。因为没有遵守这一点，LaTeX 不得不处理未知的\Latex 宏。由于命令也被称为控制序列，因此收到了一条"未定义的控制序列"错误。

如果 TeX 遇到错误，它会停止排版并要求用户输入。你可以按 Enter 键继续排版，但可能会获得错误的 PDF。所以最好立即取消并更正错误。

分析错误信息的三个部分。

❑　错误信息以感叹号开头，后跟一个简短的问题描述。

❑　然后，LaTeX 打印出引发错误的行号，和发生问题的部分代码。

❑　在换行符后，LaTeX 打印出输入行的剩余部分。

LaTeX 给出了足够的提示，包括以下两条。

❑　错误的类型。

❑　错误的确切位置。

大多数编辑器都会显示行号，或跳转到输入行号。这样就能轻松找到代码中的问题所在，因此你只需要知道为什么 LaTeX 会发生错误。

如果你正在使用 Overleaf，则有一个小问题。Overleaf 会隐藏错误信息，继续编译并呈现输出。如图 13.2 所示，屏幕截图显示了在 Overleaf 中发生错误的文档。

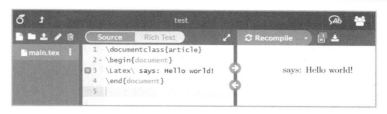

图 13.2　Overleaf 中的代码错误

乍一看，我们确实得到了文档。但如果仔细观察，就会发现以下问题。

❑　开头处，缺少单词 LaTeX。

❑　输出上方有一个红色的小数字。

红色小数字表示有一个错误，我们需要处理该错误。否则，我们可能会得到错误的输出文档，并且很难事后发现问题。

单击红色数字，会打开一个窗口，显示错误信息，如图 13.3 所示。

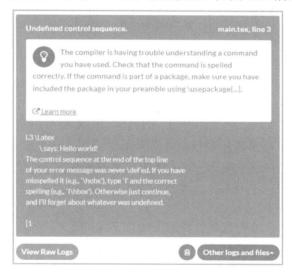

图 13.3　Overleaf 中的错误信息

现在，可以看到整个错误信息、解释和位置，即第 3 行。在图 13.2 中，你可以看到有问题的第 3 行前有红色叉子。可以通过单击左下角的 View Raw Logs，查看完整日志文件，其中包括信息、错误和警告。

接下来，我们将更详细地分析经常遇到的 TeX 和 LaTeX 错误信息。在接下来的章节中，我们分主题逐一讲解。首先从前言部分开始。

13.2.1　处理前言和正文

前言部分用于文档的全局设置。在前言中，我们指定文档类、加载包、设置选项并定义命令。\begin{document}命令结束前言部分，并开始文档正文，我们可以在其后输入文本。如果在该结构中出现错误，将会报出以下错误。

- ❑ **Missing \begin{document}**（缺少\begin{document}）：很有可能是忘记了 \begin{document}命令。但是即使没有忘记该命令，这个错误也可能发生。在这种情况下，前言部分可能存在问题。特别地，如果前言部分中的某个字符或命令产生输出，LaTeX 就会发生此错误。注意，在\begin{document}命令之前不允许有输出。

- ❑ **Can be used only in preamble**（只能在前言部分使用）：这个错误信息指的是一个命令只能在前言部分使用，而不能在\begin{document}之后使用。例如，\usepackage 命令只能在前言部分使用。将命令移到前言部分，或者删除。

- ❑ **Option clash for package**（包选项冲突）：如果 LaTeX 重复加载某个包但使用不同的选项，就会发生选项冲突。如果文档前言部分中有两个相同的包 \usepackage{...}，就会出现这种情况。最好将其缩减为一个带有所需选项的\usepackage 命令。但错误原因有可能是隐式的，如类或包隐式地加载了某个包以及一些选项。如果你也想加载该包，但使用不同的选项，则会引发问题。

你可以尝试通过省略重新加载包，并指定所需选项来解决选项冲突，并同时指定文档类的选项，这是因为包继承类选项。某些包和类甚至提供了在加载后设置选项的命令。例如，hyperref 包提供了\hypersetup{options}命令，同样，caption 包提供了 \captionsetup 命令。

在接下来的章节中，我们查看文档正文中的常见问题。

13.2.2　使用命令和环境

对于命令的名称，可能发生拼写错误或误用。LaTeX 经常报出的问题如下。

- ❑ **Undefined control sequence**（未定义的控制序列）：和上一节的示例一样，LaTeX 遇到了未知的命令名称。有两个可能的原因。
  - ➢ 命令名称可能拼写错误。在这种情况下，只需要更正并重新排版。
  - ➢ 命令名称是正确的，但没有加载包。在前言部分添加\usepackage 命令，加载所需的包。

❑ **Environment undefined**（环境未定义）：类似于未定义的控制序列。这可能是由拼写错误或缺少包引起的。

❑ **Command already defined**（已经定义命令）：当创建已经被使用的命令名，例如使用\newcommand 或\newenvironment 时，就会发生这种情况。只需选择不同的名称。如果想覆盖该命令，可改用\renewcommand 或\renewenvironment。

❑ **Missing control sequence inserted**（缺少控制序列）：缺少需要使用的控制序列。常见原因是使用\newcommand、\renewcommand 或\providecommand，但没有将命令名称作为其第一个参数进行指定。

❑ **\verb illegal in command argument**（\verb 在命令参数中非法）：用于生成等宽文本的\verb 是一个比较特殊的命令，它不能在命令或环境的参数中使用。examplep 包提供了在这些地方使用等宽文本的命令。

在这个列表中，第一个错误很可能是最常发生的，因为人们常常发生输入错误、忘记加载包。

13.2.3　编写数学公式

当 LaTeX 在排版数学表达式时发生错误，会出现以下错误信息。

❑ **Missing $ inserted**（缺少$）：有很多命令只能在数学模式下使用。例如，大多数符号都需要数学模式。如果 LaTeX 不在数学模式下，遇到这样的符号，就会停止并打印错误。通常，我们可以通过插入缺少的$来解决错误。忘记开始或结束数学模式是最常见的错误之一。此外，不能在数学表达式中使用段落分隔符，即数学表达式中不能有空行。

❑ **Command invalid in math mode**（数学模式中无效的命令）：有些命令在数学公式中不适用。在这种情况下，可在数学模式外使用该命令。

❑ **Double subscript, double superscript**（双下标、双上标）：两个连续的下标或上标是无法编译的。例如，在a_n_1中，LaTeX 无法确定 a_n 的下标是 1，还是 a 的下标是 n_1。为了纠正这个错误，需要使用大括号将其分组，如a_{n_1}。

❑ **Bad math environment delimiter**（错误的数学环境分隔符）：这可能是由非法嵌套数学模式导致的。如果已经处于数学模式中，则不要开始另一个数学模式。例如，不要在 equation 环境中使用\[。同样，在开始数学模式之前也不能结束数学模式。确保数学模式分隔符匹配，并且大括号是平衡的。

可以参考第 9 章中的示例。

13.2.4　处理文档

如果 LaTeX 无法打开文档，则可能会引发以下错误：

❑ **File not found**（未找到文件）：LaTeX 尝试打开不存在的文件。可能因为以下原因。

　　➤　使用\include 或\input 插入.tex 文件，但指定名称的文件不存在。

　　➤　尝试使用不存在的包或包名拼写错误。通过.sty 文件扩展名识别包。

　　➤　使用不存在或不同名称的文档类。类文件的扩展名为.cls。

只需在输入文档中更正文件名或重命名文件即可修复问题。

❑ **\include cannot be nested**（\include 不能嵌套）：在第 11 章中提到，不能在插入的文件中使用\include。但可以使用\input。

关于文件名

　　最好避免在文件名中使用特殊字符和空格。LaTeX 和操作系统都可能因为文件名中的特殊字符引发问题，因此最好使用常见的字母、数字、破折号和下画线。

13.2.5　表格和数组

tabular 和 array 环境的语法比较复杂。并且，很容易将&和\\放错位置，导致 LaTeX 报错。此外，我们还必须小心使用格式化参数。以下是环境参数可能出现的错误。

❑ **Illegal character in array arg**（数组参数中有非法字符）：在 tabular 或 array 环境的参数中，可以指定列格式。你可以对齐诸如 l、c、r、p、@等字符和宽度参数，如{1cm}。如果使用任何没有此类含义的字符，LaTeX 会提示用户。对于\multicolumn 的格式化参数，也适用相同的规则。

❑ **Missing p-arg in array arg**（数组参数中缺少 p-参数）：这比前一个报错消息更具体，指示我们缺少了 p 选项的宽度参数。补充 p 选项，如{1cm}，或将 p 更改为其他选项，如 l、c 或 r。

❑ **Missing @-exp in array arg**（数组参数中缺少@-exp）：缺失@选项后的表达式。只需添加它，用大括号括起来，或者删除@选项。

接下来再看看表格主体可能出现的错误信息。

❑ **Misplaced alignment tab character &**（对齐制表符&放错位置）：字符&具有将

列分隔开的特殊含义，用于在 `tabular` 或 `array` 环境的行中分隔列。如果在常规文本中使用&，则会出现此错误。如果需要输出&，可使用\&。

❑ **Extra alignment tab has been changed to \cr**（额外的对齐制表符已更改为\cr）：如果使用了过多的对齐制表符&，将会出现此情况。例如，在存在两列的情况下，不能使用四个&字符作为列分隔符。如果忘记添加结束行的\\，就会发生该错误。

读者可参考第 6 章中的示例。

13.2.6　处理列表

列表遵循特定的结构，不能无限嵌套。在某些情况下，LaTeX 可能会报错，错误信息如下。

❑ **Too deeply nested**（嵌套太深）：最多可以嵌套四级列表。如果混合使用不同类型的列表，可以嵌套到六级。但是，如果超出 LaTeX 规定的范围，将会出现此错误信息。考虑是否真正需要深度嵌套。可以使用 \paragraph 或 \subsubsection 等分段命令处理层级。

❑ **Something's wrong--perhaps a missing \item**（出现问题，可能是缺少\item）：缺少\item 命令。可能在 itemize 或 enumerate 列表中有简单的文本。需要在该文本之前插入\item 命令。

读者可参考第 4 章中的示例。

13.2.7　处理浮动图片和表格

在第 5 章和第 6 章中，我们学习了如何插入图片和表格，以及如何调整它们的位置。如果使用了大量浮动对象，即图片或表格，你可能会遇到此错误：**Too many unprocessed floats**（未处理的浮动对象过多）。

如果使用了浮动对象，但 LaTeX 没有找到合适的位置，可能是因为没有足够的空间，LaTeX 会保存该对象以稍后处理。如果这种情况频繁发生，LaTeX 中处理浮动对象的空间可能不够，从而出现此错误。可以通过以下方法解决。

❑ 为 figure 和 table 环境添加放置选项，如[htbp!]，降低位置要求。

❑ 在适当的位置插入\clearpage 清除浮动对象，或者使用 afterpage 包的 \afterpage{\clearpage}命令。

在最后一节，我们将探讨其他可能的错误。

13.2.8　常见语法错误

与其他标记或编程语言一样，LaTeX 文档必须遵循一定的语法。例如，大括号和分隔符必须匹配。如果出现错误，LaTeX 将指出错误，错误信息如下。

- ❑ **Missing { inserted, missing } inserted**（缺少 `{ inserted, missing }`）：这可能是由大括号不平衡引起的，也可能是由 TeX 混淆而引起的。在 LaTeX 标示错误的位置之前，错误可能已经发生。因此，需要仔细检查所使用的语法。
- ❑ **Extra }, or forgotten $**（多余的 `}`，或者忘记 `$`）：大括号不平衡，或者数学模式分隔符不匹配。需要进行匹配。
- ❑ **There's no line here to end**（此处没有可以结束的行）：在垂直模式下，在段落之间使用 `\\` 或 `\newline` 是没有意义的，并且会导致此错误。不要通过 `\\` 来获取更多的垂直间距。可使用 `\vspace` 或其他间距命令，如 `\bigskip`、`\medskip` 或 `\smallskip`。例如，可以使用 `\vspace{\baselineskip}` 生成空行。

TeX 和 LaTeX 的常见问题列表称为 TeX FAQ，其中列出了错误信息及其解释和建议，可访问 `https://texfaq.org/#errors`。

尽管修复了可能发生的所有错误，但文档中仍然可能存在缺陷。如果 LaTeX 发现了潜在问题，它将打印出警告消息。在下一节中，我们将学习如何处理警告信息。

13.3　处 理 警 告

警告消息是为了提供信息，并不总是指向严重问题，建议用户经常阅读这些提示并采取相应措施，这可以改善文档。

接下来，我们对警告信息进行测试。使用无衬线字体强调文本，目的是得到斜体的无衬线字体文本。

示例步骤如下。

（1）采用"`Hello world!`"示例，并进行如下修改。

```
\documentclass{article}
\renewcommand{\familydefault}{\sfdefault}
\begin{document}
\emph{Hello world!}
\end{document}
```

（2）进行编译。LaTeX 将在日志文件中打印一个警告。

```
LaTeX Font Warning: Font shape `OT1/cmss/m/it' in size
<10> not available
(Font) Font shape `OT1/cmss/m/sl' tried instead on input
line 4.
```

（3）检查输出，如图 13.4 所示。

\familydefault 宏表示 LaTeX 文档中使用的默认字
体系列。对于该宏，我们指定了\sfdefault 值，即默认为
无衬线字体。换言之，无论选择哪种字体，无衬线字体都是

Hello world!

图 13.4　倾斜字体，而非斜体

默认字体。其他可能的值是\rmdefault 和\ttdefault。通过修改\familydefault，
用户不必反复使用\sffamily。

但当我们强调文本时，却收到了警告。警告信息指出在默认的 OT1 字体编码中，不
存在中等粗细（m）和斜体（it）的 Computer Modern Sans Serif（cmss）字体。此外，
LaTeX 还告诉我们它会如何修复问题，LaTeX 选择了歪体而非斜体。

当出现警告时，LaTeX 通知我们潜在的问题或缺点，还会尝试选择最佳的替代方案
并继续排版。在较长的文档中产生数十个警告是很常见的，通常涉及水平或垂直对齐。

通常，忽略不太严重的警告并不会有什么影响，但建议遵循这些警告做出修改，这
样可以让文档更完善。

在接下来的章节中，我们将处理常见的警告信息。

13.3.1　文本对齐

默认情况下，LaTeX 通过调整单词和字母的间距，对文本进行左右边距对齐，称为
全对齐。

如果 LaTeX 无法实现全对齐，可能会发出以下警告。

❑ **Overfull \hbox**：某行太长，无法适应文本宽度，可能导致文本超出边缘。这可
能是由连字符问题引起的，可以通过使用\hyphenation 或插入\-（参考第 2
章的示例）来修复。可以手动换行或修改单词。

❑ **Underfull \hbox**：与前一个警告相反；一行不足以适应文本宽度，因此 LaTeX
无法实现全对齐。如果该行文本较少，可能是由\linebreak 引起的。此外，
\\或\newline 也可能导致无法全对齐，如\\\\。

❑ **Overfull \vbox**：因为 TeX 无法恰当地分页，导致页面太长。文本可能超出底部
边缘。

❑　　**Underfull \vbox**：页面文本不足。TeX 必须过早地分页。

在第 2 章中，我们学习了如何改善对齐，这样可以减少此类警告。注意，加载 `microtype` 包可能会有所帮助。

使用 `\sloppy` 声明可以切换到相对宽松的排版，从而避免此类警告。它的对应项是 `\fussy`，即切换回默认行为。如果希望宽松排版和更大间距，不妨使用 `\sloppy`，并通过分组或使用环境使其作用于局部范围，如（`\begin{sloppypar}...\end{sloppypar}`）。

此外，有关 `\sloppy` 的更多内容，可参考第 11 章中的 l2tabu 示例。

13.3.2　引用

许多警告都涉及引用。常见的错误有缺少标签、引用关键字、使用了两次相同的关键字，或者只运行了一次排版。

常见警告如下。

❑　　**Label multiply defined**（标签名重复）：`\label` 或 `\bibitem` 使用了重复的标签名称。需要使用唯一的标签名。

❑　　**There were multiply-defined labels**（重复定义标签）：与前一个警告相似，但在处理完整个文档后出现。两个 `\label` 命令定义了相同的标签。

❑　　**Labels may have changed. Rerun to get cross-references right**（标签已修改，重新运行纠正交叉引用）：再次排版即可让 LaTeX 更正引用关系。

❑　　**Reference ... on page ... undefined**（未定义某页的引用）：`\ref` 或 `\pageref` 没有相应的 `\label`。在适当的位置插入 `\label` 命令。

❑　　**Citation ... on page ... undefined**（未定义某页的引述）：`\cite` 命令没有相应的 `\bibitem` 命令，或者在 `.bib` 文件中没有 BibTeX 关键字。

❑　　**There were undefined references or citations**（存在未定义的引用和引述）：`\ref` 或 `\cite` 命令没有相应的 `\label` 或 `\bibitem` 命令。

每当收到有关引用的警告时，最好重新运行排版。通常，这些警告会消失，因为 LaTeX 无法在第一次运行中处理所有引用。

13.3.3　选择字体

当 LaTeX 无法按要求使用字体时，可能会出现以下警告。

❑　　**Font shape ⋯ in size <⋯> not available**（字体不可用）：你选择了一个不可用

的字体。可能是因为将字体命令错误组合在一起,导致出现不存在的字体。此外,可能是字体大小不可用。LaTeX 会选择不同的字体或大小,并详细告知用户。

❑ **Some font shapes were not available, defaults substituted**(某些字体不可用,使用默认字体):如果选定的字体不可用,则 LaTeX 会在处理整个文档后打印此消息。

检查此类警告发生的位置,以查看字体大小和形状是否存在问题。否则,考虑更换字体。

13.3.4 放置图片和表格

LaTeX 可能无法正确放置图片或表格。在这种情况下,LaTeX 可能显示以下警告。

❑ **Float too large for page**(浮动对象过大):图像或表格太大,无法适应页面。打印图片后,会使页面过大。

❑ **h float specifier changed to ht**(h 选项更改为 ht):如果为浮动图片或表格指定了 h 选项,但图片不适合页面位置,则将被放置在下一页的顶部,并发出该警告。对于 !h 和 !ht 也可能发生相同的情况。

使用所有可用的放置选项,如 \begin{figure}[!htbp] 或 \begin{table} [!htbp],可以避免许多放置问题。

13.3.5 自定义文档类

如果使用非法的类选项,LaTeX 可能会发出警告 **Unused global option(s)**。该警告指出你为 \documentclass 指定了一个选项,但该选项对于类和任何加载的包都是未知的。例如,这可能是不支持的基础字体大小。处理方法是检查 LaTeX 的警告内容并修改。

此外,如果包判断出任何问题,也可能会打印警告。所有这些警告信息都是为了协助你编写文档,因此最好查看每个警告。

即使你得到了一个没有任何错误和警告的文档,但如果使用了过时的包或类,LaTeX 文档可能并不完美。下一节指出哪些软件包已经过时。

13.4 避免使用过时的类和包

在第 11 章的结尾,我们提到过使用过时软件包的害处。经过数十年的发展,LaTeX 本身及相关教程、示例、包和模板,可能存在过时的内容。其中一些甚至参考了旧的 LaTeX

2.09 版本，一些软件包则没有文档。我们介绍了 l2tabu，可以用它查看过时的软件包。

　　许多问题的出现是因为使用了过时的包。例如，一些已不再维护的包可能与较新的包冲突。通常，只需将过时的包替换为新的包。

　　为了解决软件包过时问题，可参考表 13.1，其中显示了过时的包和更新后的包。

表 13.1　过时的包和更新后的包

过 时 的 包	更新后的包
a4, a4wide, anysize	geometry, typearea
backrefx	backref
bitfield	bytefield
caption2	caption
dinat	natdin
doublespace	setspace
dropping	lettrine
eps, epsfig	graphicx
euler	eulervm
eurotex	inputenx
fancyheadings	fancyhdr
floatfig	floatflt
glossary	glossaries
here	float
isolatin, isolatin1	inputenc
mathpple	mathpazo
mathptm	mathptmx
nthm	ntheorem
palatino	mathpazo
picinpar	floatflt, picins, wrapfig
prosper, HA-prosper	powerdot, beamer
ps4pdf	pst-pdf
raggedr	ragged2e
scrlettr	scrlttr2
scrpage, scrpage2	scrpage-scrlayer
seminar	powerdot, beamer
subfigure	subfig, subcaption
t1enc	fontenc

续表

过 时 的 包	更新后的包
times	mathptmx
utopia	fourier
vmargin	geometry, typearea

当然，这并不是一成不变的。用户仍然可以使用过时的包，过时的包也许依旧很好用。最好参考 CTAN 软件包主页上的描述，其中列出了软件包的信息，并列出了该包是否还有人维护，此外，还列出了推荐的替代品。访问地址是 https://ctan.org/pkg/[软件包名]，如 https://ctan.org/pkg/geometry。

对于表 13.1 列出的软件包，网站 https://latexguide.org/obsolete 对其进行了更新。

在下一节中，我们将针对其他问题提出建议。

13.5　处理常见问题

有时候，仅通过警告或错误信息无法解决问题。如从未见过的错误、无法定位错误位置、引用无法解析、类或包的错误信息不清晰。

通过 LaTeX 打印出的行号定位错误，或者参考排版后的操作，通常可以解决问题。一旦找到了有问题的代码，将其删除或修复。

以下是可采取的一般步骤。

❑　多次编译。编译后，可修正引用、定位浮动图片，或者创建目录、参考文献和各种列表。

❑　检查包的加载顺序。某些包（如 hyperref）在特定包之前或之后加载可能无法正常工作，需要交换包的加载顺序。

❑　删除辅助文件。发生问题后，有时删除排版期间 LaTeX 所创建的所有文件可解决问题。这些文件与主文档具有相同的名称，但扩展名不同，可能的扩展名有 .aux、.toc、.lot、.lof、.bbl、.idx 或 .nav。

如果问题仍然存在，可以按如下方法剖析原因。

（1）创建文档副本。如果需要的话，复制整个文件夹，在副本上调试。

（2）删除与问题无关的文档部分。

（3）排版，查看问题是否仍然存在。如果仍然有问题，返回步骤（2）并删除文档的另一部分。如果问题消失，则在刚才删除的部分中分离出了错误。在后一种情况下，恢复已删除的部分，如果该部分仍然过大，无法精确定位错误，则仍然返回步骤（2），再次定位错误。

（4）重复此过程，直到定位问题的位置。如果没有找到问题，则减少加载的包，然后重复步骤（2）和步骤（3）。

（5）最终得到一个小而完整的示例文档，可以复现错误。我们称其为最小工作示例。

删除或重写已定位的错误部分。如果你确实想使用该部分并希望修复错误，可以使用简短的代码示例显示问题，并将问题发布到 LaTeX 在线论坛寻求帮助。

除了编辑器显示的错误和警告，LaTeX 还能跟踪所有信息、每个警告和每个错误，并将这些信息汇集在与文档同名称但扩展名为 .log 的日志文件中。这是一个普通的文本文件，可以在任何编辑器中打开。

例如，本章开头的 Hello world 示例的日志文件以 TeX 和 LaTeX 格式版本的信息开头，内容如下。

```
This is pdfTeX, Version 3.141592653-2.6-1.40.22 (TeX Live
2021) (preloaded format=pdflatex 2021.6.25) 12 JUL 2021
00:47
entering extended mode
restricted \write18 enabled.
%&-line parsing enabled.
**document
(./document.tex
LaTeX2e <2021-06-01> patch level 1
L3 programming layer <2021-06-18>
```

然后显示文档类、版本和使用的类选项 .clo 文件。

```
(/usr/local/texlive/2021/texmf-dist/tex/latex/base
/article.cls
Document Class: article 2021/02/12 v1.4n Standard LaTeX
document class
(/usr/local/texlive/2021/texmf-dist/tex/latex/base
/size10.clo
File: size10.clo 2021/02/12 v1.4n Standard LaTeX file (size
option)
)
```

然后显示加载的包和定义。在示例中，包和定义不多。

```
(/usr/local/texlive/2021/texmf-dist/tex/latex/l3backend
/l3backend-pdftex.def
File: l3backend-pdftex.def 2021-05-07 L3 backend support:
```

```
PDF output (pdfTeX)
\l__color_backend_stack_int=\count190
\l__pdf_internal_box=\box50
)
```

日志文件告诉用户何时使用或打开文件。

```
No file document.aux.
\openout1 = `document.aux'.
```

日志文件还提供了字体信息。

```
LaTeX Font Info: Checking defaults for OML/cmm/m/it on input
line 2.
LaTeX Font Info: ... okay on input line 2.
```

并且，日志文件包含所有的错误和警告。

```
! Undefined control sequence.
1.3 \Latex
\ says: Hello world!
?
! Emergency stop.
```

一旦在第 4 步中纠正了错误，LaTeX 会将性能和内存信息添加到日志文件中。

```
Here is how much of TeX's memory you used:
385 strings out of 478510
6981 string characters out of 5849585
301299 words of memory out of 5000000
18443 multiletter control sequences out of 15000+600000
403430 words of font info for 27 fonts, out of 8000000
for 9000
1141 hyphenation exceptions out of 8191
34i,5n,41p,139b,107s stack positions out of
5000i,500n,10000p,200000b,80000s
</usr/local/texlive/2021/texmf-dist/fonts/type1/public/
amsfonts/cm/cmr10.pfb></usr/local/texlive/2021
/texmf-dist/fonts/type1/public/amsfonts/cm/cmr7.pfb>
```

日志文件最后提供了输出大小及统计信息。

```
Output written on document.pdf (1 page, 22454 bytes).
PDF statistics:
18 PDF objects out of 1000 (max. 8388607)
10 compressed objects within 1 object stream
```

```
0 named destinations out of 1000 (max. 500000)
1 words of extra memory for PDF output out of 10000
(max. 10000000)
```

不妨打开前面章节示例的日志文件看一看。虽然日志文件中的信息很冗长，但它们对于排除故障很有帮助。

13.6　总　　结

本章专门为读者讲解如何解决 LaTeX 中出现的问题。

我们学习了如何定位和修复错误、理解警告消息，以及分析 LaTeX 的排版日志文件。

纠正错误是必要的，建议处理警告。如果你遇到任何无法自行解决的问题，可以在 LaTeX 论坛（https://latex.org）寻求帮助。在该论坛中，有专门针对本书《LaTeX 入门实战》的版块，作者很乐意回答读者的问题。

对于 LaTeX 在线用户，也可以使用本章介绍的知识解决问题，LaTeX 用户也非常乐意互相帮助。

下一章将介绍 LaTeX 论坛及其他在线资源。

第 14 章 在 线 资 源

互联网上有丰富的 LaTeX 信息和资料,这些信息和资料已经积累了很多年。由于开源软件的优势,现在有庞大的 TeX 和 LaTeX 社区,可供用户分享知识和专业技能。

本章将引导读者浏览以下互联网资源。

❑ 网络论坛、问答网站和讨论版。
❑ 常见问题列表。
❑ 邮件列表。
❑ TeX 用户组网站。
❑ LaTeX 软件和编辑器网站。
❑ 图形库。
❑ LaTeX 博客。
❑ 推特消息。

本章列出的许多网站都是由作者维护的,并由德语 TeX 用户组 DANTE e.V.提供资金支持。作者维护的完整网站列表可在 `https://latex.net/about` 找到。

14.1 网络论坛,问答网站,讨论版

我们从论坛开始介绍。

互联网论坛,或称为网络论坛,不仅易于使用,而且对用户友好,可供用户讨论和寻求帮助。最初,LaTeX 只是计算机论坛中的普通子论坛,随着 LaTeX 变得越来越流行,人们创建了专门的 LaTeX 论坛,逐一为大家进行介绍。

14.1.1 LaTeX.org

`https://latex.org/`是第一个专门用于 LaTeX 的网络论坛,于 2007 年 1 月上线。它包含各种子论坛,每个子论坛负责特定的 LaTeX 主题,如数学和科学、字体和字符集,该论坛还可下载 LaTeX 发行版和编辑器。

与其他网络论坛一样,在 `latex.org` 参与讨论很容易。用户无须注册即可阅读。只需注册,选择登录名和密码,然后就可以提问或回答其他寻求帮助的用户。

欢迎用户在 latex.org 提问，问题是该网站的基础。可以通过以下方式获得有帮助的答案。

❑　使用有意义的标题，吸引用户的注意力。

❑　清晰地描述问题。

❑　引用收到的错误或警告消息。

❑　包括代码示例，方便其他用户复现问题。

最后一个建议很重要。甚至有一个网站 https://texfaq.org/FAQ-minxampl，专门解释了为什么要这样做，以及如何做。一旦可以复现问题，就算乍一看似乎很困难，也能解决问题。论坛中不乏熟悉 LaTeX 内核和源代码的用户，他们可以解释底层工作原理，并为几乎任何问题给出解决方案。所以提供问题代码，有助于获得解答。

《LaTeX 入门实战》在 latex.org 中有专门的子论坛，地址是 https://latex.org/forum/viewforum.php？f=66。在这里，读者可以提出关于本书的问题或意见，作者会回答问题。

14.1.2　Stack Exchange

https://tex.stackexchange.com 是一个不同于传统网络论坛的问答网站。在网络论坛中，人们交流和讨论，而这个问答网站具有更简单的结构。先呈现问题，然后展示答案，并且只有评论，没有讨论。

发布问题时，建议遵循与 latex.org 发布问题相同的建议。此外，可以指定一些关键词作为标签，以便使用这些标签过滤网站的内容。

Stack Exchange 是一个商业性的问答网站。自 2021 年以来，由技术投资人 Prosus 拥有。作为 TeX 和 LaTeX 网站，通常将其简称为 TeX.SE，该网站成立于 2010 年，专门为 TeX 和 LaTeX 用户服务。

Stack Exchange 能成为如此成功的知识库，是因为：

❑　问题具有标签。应为每个问题选择一个或多个标签，以描述主题。例如，如果问题涉及对方程使用 \label 和 \ref 交叉引用的问题，可以选择 cross-referencing 和 equations 作为标签。这样就能轻松找到特定主题的答案。特定领域的专家会关注他们喜欢的标签。

❑　可以对回答进行投票。用户能投票支持有帮助和有意义的答案，并反对错误信息。这样一来，最好的答案就会展示在最上面，用户不必像传统的网络论坛那样，不得不阅读许多回答才能找到最佳解决方案。

标签和投票机制增加了优质回答的曝光量。此外，还可以用标签排序和细化搜索结果。

还有另一个概念，即声誉。发布好问题和有价值的回答的用户，会根据其问题和答案的投票获得声誉积分。

声誉积分可使用户体验更多功能。

❑ 创建新标签或为问题重新打标签。

❑ 减少广告。

❑ 编辑其他用户的帖子。

❑ 获得某些工具的使用权限。

声誉是衡量用户在社区中地位的大致指标。高声誉意味着更高的信任和访问权限。基于这种机制，**Stack Exchange** 由社区进行管理，类似于维基百科。

对于新用户，可以参考这份入门指南 `https://tex.meta.stackexchange.com/questions/1436/welcome-to-tex-sx`。

也可以在帮助中心 `https://tex.stackexchange.com/help` 找到更多信息。

由于 TeX.SE 非常严格，与已有内容重复的问题可能会被关闭，因此对于初学者，`latex.org` 可能是更好的选择。

14.1.3 其他语言的论坛

以下网站与 TeX StackExchange 非常相似。

❑ `https://texnique.fr`：法语 LaTeX 问答网站。

❑ `https://texwelt.de`：德语 LaTeX 问答网站。

与 `latex.org` 类似，`https://golatex.de` 是一个德语 LaTeX 网络论坛，该论坛有维基百科页面 `https://golatex.de/wiki`。

14.1.4 Usenet 群组

Usenet 出现于 1980 年，比万维网还早。这是一个讨论网站，由许多讨论组构成，即新闻组，每个新闻组讨论特定的主题，其中有 TeX 新闻组。

其中最著名的群组是 `comp.text.tex`。访问该群组的最简单方法是访问由 Google 托管的 `https://groups.google.com/g/comp.text.tex`。使用其 Web 界面进行浏览即可。

或者，你可以安装 Usenet 阅读器程序，并连接到 Usenet Web 服务器。你最好熟悉一下 Usenet。建议从 `https://en.wikipedia.org/wiki/Usenet` 开始，这个网址提供了必要的软件链接和阅读资料。

　　`comp.text.tex` 是经典的 TeX 讨论版，积累了超过 20 年的和 LaTeX 有关的信息。此外，还有其他语言的新闻组，如德语或法语的 Usenet TeX 组。

- ❑ **`de.comp.text.tex`**：地址是 `https://groups.google.com/g/de.comp.text.tex`。
- ❑ **`fr.comp.text.tex`**：地址是 `https://groups.google.com/g/fr.comp.text.tex`。

　　不过，随着时间的推移，Usenet 新闻组不像以前那样活跃了，更多的用户倾向于访问网络论坛和问答网站。

14.2　常见问题列表

　　在 LaTeX 社区长期运作的过程中，积累了许多常见的问题。如果有人发布了重复的问题，社区成员可能会抛出一个常见问题解答（Frequently Asked Questions, FAQ）页面。这是常见问题的回答列表。以下 FAQ 网站最为有名。

- ❑ **TeX FAQ**：`https://texfaq.org` 是由英国 TeX 用户组维护的 FAQ 站点。其中包含数百个经常被问到的问题和相近的答案。问题按主题进行排序，该列表仍在不断增长和持续改进。
- ❑ **Visual LaTeX FAQ**：`https://ctan.org/pkg/visualfaq` 是一个与众不同的网站。它是一个 PDF 文档，其中包含数百个文本和图形元素，如表格、图形、列表、脚注和数学公式。它有 30 页，有非常多的示例。除了有文档，关键位置还有标签和超链接，单击任何链接即可转到相应的 TeX FAQ 条目。
- ❑ **MacTeX FAQ**：`https://tug.org/mactex/faq/` 是为 Mac 用户量身定制的。它包括 MacTeX LaTeX 发行版，以及 Mac LaTeX 编辑器 TeXShop 的安装和使用。
- ❑ **AMS-Math FAQ**：`https://www.ams.org/faq` 列出了与 amsmath 有关的问题和答案，amsmath 是最推荐的 LaTeX 数学包。
- ❑ **LaTeX Picture FAQ**：`https://ctan.org/pkg/l2picfaq` 是专门回答图片相关问题的 FAQ。其中包括各种图片文件格式的处理、转换工具、图片操作和浮动图片的放置。该 FAQ 包含许多代码示例，非常适合 LaTeX 初学者。
- ❑ **German TeX FAQ**：`https://texfragen.de` 是一个按主题排列的德语常见问题解答列表，用于回答经常被问到的 LaTeX 问题。

在论坛或邮件列表上发问之前，建议首先查看 FAQ 列表，下一节介绍邮件列表。

14.3 邮 件 列 表

邮件列表用于公告和讨论。如果你订阅了邮件列表，将收到其他订阅者的公告和讨论。你可以接收和阅读所有消息，也可以向列表地址发送电子邮件，然后该邮件将发送给所有其他订阅者。在向订阅者列表发送查询之前，建议查看 FAQ。

如今，人们更喜欢网络论坛这种形式，但是电子邮件列表仍然广泛使用。下面列出了一些邮件列表。

- ❑ **texhax**: `https://tug.org/mailman/listinfo/texhax` 是用于 TeX 的通用讨论列表，建立于 20 世纪 80 年代，可以结合 `comp.text.tex` 使用。该邮件列表有数百个订阅者，其中许多是专家。
- ❑ **tex-live**: `https://tug.org/mailman/listinfo/tex-live` 专注于 TeX Live。如果你安装了 TeX Live，订阅该邮件列表可以获得许多最新的信息。
- ❑ **texworks**: `https://tug.org/mailman/listinfo/texworks` 服务于编辑器 TeXworks 用户，我们在第 1 章中使用过该编辑器。如果你使用该编辑器，并对它的最新版本、技巧、脚本和新闻感兴趣，可以订阅该邮件列表。

在网页 `https://tug.org/mailman/listinfo` 上可以找到更多的邮件列表。其中有 60 多个邮件列表，涉及 TeX 和 LaTeX 特定主题，如参考文献、连字符、PostScript、pdfTeX 和开发。

TeX 用户组和 LaTeX 编辑器开发人员通常使用邮件列表发表公告。可以在他们的网站上了解相关信息，下一节介绍其中一些网站。

14.4 TeX 用 户 组

TeX 用户组是致力于 TeX 和 LaTeX 的组织，用户组为成员和用户提供支持。下面列出一些用户组。

14.4.1 TeX 用户组

TeX 用户组（TUG）是一个非营利性组织，网站是 `https://tug.org`。它成立于 1980 年，TUG 对 TeX 的发展产生了重大影响。从 TUG 的首页能链接到支持、文档和软件。TUG 在 `https://tug.org/interest.html` 上托管了大量与 TeX 相关的互联网资源，使用它的索引能获取许多有用的材料。

　　TUG 每年发行三次期刊，并举办年度国际会议。它还在 `https://tug.org/FontCatalogue` 上托管了 LaTeX 字体目录，列出了几乎所有可用于 LaTeX 的字体，有十几个类别，如无衬线字体、打字机字体和手写字体。概述中对字体做了简要展示，也通过多种样式和数学示例进行了展示，并且有示例代码。

14.4.2　DANTE

　　Deutschsprachige Anwendervereinigung TeX e. V.（DANTE）是一个庞大的德语 TeX 用户组，它为整个 TeX 生态提供资金支持和服务。网址是 `https://www.dante.de`。

　　DANTE 为 LaTeX 软件的运行服务器、网络论坛、问答网站、常见问题解答、工具等提供资金支持。

14.4.3　LaTeX 项目

　　LaTeX3 项目团队维护 LaTeX 2e 标准，并开发下一版本的 LaTeX。网站 `https://www.latex-project.org` 会定期向用户介绍项目团队的工作，以及发布 LaTeX 新闻。

14.4.4　UK TUG

　　UK TUG 在英国支持并推广 TeX、举办会议和培训，可通过网址 https://uk.tug.org 访问。

14.4.5　其他用户组

　　以下是其他世界各国的 TeX 用户组。
- `https://tug.org/usergroups.html`。
- `https://ntg.nl/lug`。
- `https://dante.de/dante-e-v/stammtische`。

这些网站通常包含本国语言材料和 TeX 生态的更多信息。

下面的章节将介绍从哪里下载软件、工具和包。

14.5　LaTeX 软件和编辑器网站

与大多数软件开发商和发行商类似，免费和开源软件项目通常会在其首页上提供有用的信息。

14.5.1　LaTeX 发行版

现在，有两个主流的 LaTeX 发行版，更新都很及时，功能也都很完善。除此之外，还有一些衍生版，如下所示。

- ❑ **TeX Live**：`https://tug.org/texlive`，是跨平台的 LaTeX 软件集合，可以在 Windows、Mac OS X、Linux 和其他 Unix 系统上运行。
- ❑ **MiKTeX**：`https://miktex.org`，是非常友好和流行的 LaTeX 发行版，专为 Windows 操作系统设计，现在也支持 Linux 和其他 Unix 系统。
- ❑ **proTeXt**：`https://tug.org/protext`，是基于 MiKTeX 的 Windows 发行版，安装很简便。
- ❑ **MacTeX**：`https://tug.org/mactex`，源自 TeX Live，专门为 Mac OS X 进行了定制。

大多数 Linux 版本都在其软件库中提供定制版本的 TeX Live。

14.5.2　LaTeX 编辑器

从简单到复杂，LaTeX 有许多可用的编辑器。大多数编辑器都提供语法高亮，支持各种 (La)TeX 编译器及其他工具，如 BibTeX、biber、makeindex 和 PDF 预览器。

1. 跨平台

以下编辑器支持多系统，包括 Windows、Mac OS X、Linux 和 Unix。

- ❑ **TeXworks**：`https://tug.org/texworks`，轻便快捷。
- ❑ **Texmaker**：`https://xm1math.net/texmaker`，提供了许多功能。
- ❑ **TeXstudio**：`https://texstudio.org`，源自 Texmaker，提供了许多其他的功能。
- ❑ **Emacs**：`https://gnu.org/software/emacs`，可扩展，定制度高，但易用性差，适合与 **AUCTeX**（`https://gnu.org/software/auctex`）一起使用。

❑ **vim**：`https://www.vim.org`，基 于 文 本 界 面 中 的 命 令。**LaTeX-suite**（`http://vim-latex. sourceforge.net`）对其进行了加强。

此外，Overleaf 在线编译器和编辑器也是跨平台的。

2. Windows

除了跨平台编辑器，还有一款功能强大且流行的 LaTeX 编辑器，名字是 WinEdt，可以从 `https://www.winedt.com` 下载。DANTE 为会员提供了 WinEdt 的折扣价。此外，可参考 WinEdt 社区网站 `http://www.winedt.org`。

3. Linux

除了跨平台编辑器，Linux 中还有以下编辑器。

❑ **Kile**：`https://kile.sourceforge.io`，功能非常强大，专为 KDE 窗口系统设计。如果安装了 KDE 库，还可以在其他窗口管理器上运行 Kile，如 GNOME。

❑ **gedit**：`https://wiki.gnome.org/Apps/Gedit`，是轻量级的 GNOME 标准编辑器，它有 LaTeX 插件，即 `https://wiki.gnome.org/Apps/Gedit/LaTeXPlugin`。

❑ **GNOME-LaTeX**：`https://wiki.gnome.org/Apps/GNOME-LaTeX`，是另一个基于 GNOME 的 LaTeX 编辑器，以前的名字是 LaTeXila。

在 Linux 上，我们通常选择适合所选窗口管理器（KDE 或 GNOME）或跨平台通用的编辑器。

4. Mac OS X

TeXshop 是非常受欢迎的 Mac LaTeX 编辑器，地址是 `https://pages.uoregon.edu/koch/texshop/`。

由于其出色的易用性，该编辑器吸引了众多新用户。TeXworks 编辑器是基于 TeXshop 创建的。

5. 视觉编辑器 LyX

LyX 也是跨平台编辑器，它的主页是 `https://www.lyx.org`。LyX 外观类似文字处理软件，但它是基于 LaTeX 构建的。它结合了易于使用的图形用户界面与 LaTeX 的强大功能。你可以使用 LyX 的工具栏和菜单开发文档，也可以插入 LaTeX 代码。

LyX wiki 在 `https://wiki.lyx.org` 上提供了许多文档。在 LyX 主页上，有下载、新闻和支持的链接。由于 LyX 非常受欢迎，`latex.org` 专门为 LyX 建立了论坛。

14.5.3 CTAN

TeX 综合存档网（Comprehensive TeX Archive Network，CTAN）由全球众多服务器组成，地址是 `https://ctan.org`，CTAN 存储有丰富的 TeX 资料。CTAN 也是安装和更新 LaTeX 发行版（如 TeX Live）的存储库。

CTAN 主页有搜索功能，也可以浏览存档目录。在 CTAN 中，几乎能找到任何 LaTeX 包。接下来，我们将介绍专门展示示例、图片和代码的网站。

14.6 图 片 网 站

互联网上有一些专门介绍如何使用 TeX 创建图形的网站。

- ❑ `https://texample.net` 是一个 TikZ 示例网站，其中有数百个示例和完整的源代码，可按主题分类浏览。
- ❑ `https://tikz.net` 是另一个带有源代码的 TiKZ 图片库。
- ❑ `https://pgfplots.net` 专注于使用 pgfplots 包绘制 2D 和 3D 图。
- ❑ `https://latex-cookbook.net` 是 *LaTeX Cookbook* 一书的网站，其中包含代码示例和图库。
- ❑ `https://latexguide.org` 是本书的网站，其中包含示例和更多信息的图库。
- ❑ `https://tex.world` 是与 LaTeX 相关的网站图库。

这些网站可按主题分类浏览 LaTeX 图形文档，并提供了完整的源代码和说明。

下一节介绍一些个人用户博客。

14.7 LaTeX 博客

如果你对 LaTeX 新闻和专家观点感兴趣，LaTeX 博客能为你提供最新的 LaTeX 信息，具体如下。

- ❑ `https://texblog.net` 是本书作者的个人博客。本博客会介绍有关 LaTeX 的新闻、技巧，并按主题对内容进行了分类。
- ❑ `https://www.texdev.net` 的作者是 LaTeX 项目成员和多种 LaTeX 工具的开发者 Joseph Wright。
- ❑ `https://tex-talk.net/` 中有 LaTeX 高级用户和开发人员的访谈。

❑　https://latex.net 是一个文章数据库，其中有许多介绍技巧的文章，也有新闻文章。

❑　http://texample.net/community 是一个博客聚合器，汇集了约 30 个与 TeX 和 LaTeX 相关的博客，并且会进行更新。

❑　https://planet.dante.de 是 DANTE 托管的博客聚合器，专注于德语 LaTeX 相关博客，也包括其他语言的博客。

此外，推特上的新闻更加及时，下一节进行介绍。

14.8　推 特 订 阅

推荐订阅的推特账号如下。

❑　@TeXUsersGroup: https://twitter.com/TeXUsersGroup，是 TUG 账户，提供新闻和 CTAN 更新。

❑　@dante_ev: https://twitter.com/dante_ev，是 DANTE 的账户，提供 TeX 新闻，特别是德语新闻。

❑　@overleaf: https://twitter.com/overleaf，是 Overleaf 公司的账户，提供在线编译器和编辑器。

❑　@tex_tips: https://twitter.com/tex_tips，介绍 LaTeX 写作技巧。

❑　@TeXgallery: https://twitter.com/TeXgallery，是作者的账户。

关注标签#TeXLaTeX，可以获取有关 TeX 和 LaTeX 的最新消息，地址是 https://twitter.com/search?q=%23TeXLaTeX。

14.9　总　　　结

我们在本书中详细介绍了 LaTeX 的基础知识，本章进一步拓展了 LaTeX 的网上资源。

现在，读者已经学会了如何下载 LaTeX 软件、访问 LaTeX 社区、从博客获取最新消息，并在遇到无法解决的问题时在线提问。

欢迎加入 TeX 开源社区。掌握本书后，相信你很快就会成为一位富有经验的 LaTeX 用户，可以为新手提供帮助。